Quantenbewusstsein

Norbert Wrobel, in Berlin lebend, studierte Medizin und approbierte sich 1984 als Arzt. In einer breit angelegten universitären Grundausbildung an der FU Berlin spezialisierte er sich nachfolgend in den Bereichen Innere Medizin und Intensiv- und Notfallmedizin, später noch in der Altersmedizin, und ist seitdem in der stationären Krankenversorgung aktiv. Wegen des gesellschaftlichen Wandels, der immer mehr ältere Menschen hervorbringt, werden Mediziner konsekutiv mit neuen, unbekannten und komplexen Problemkonstellationen konfrontiert. Diese unterliegen allerdings bis heute einer veralteten mechanistisch-physikalischen Denkweise, die sich vor mehr als hundert Jahren entwickelt hat. Norbert Wrobel hat sich deshalb vorgenommen, sich von dieser Denkweise zu lösen, um zu erforschen, was tatsächlich "die Welt in ihrem Innersten zusammenhält".

Der Diplom-Mathematiker *Klaus-Dieter Sedlacek,* Jahrgang 1948, lebt seit seiner Kindheit in Süddeutschland. Er studierte neben Mathematik und Informatik auch Physik. Nach dem Studienabschluss im Jahr 1975 und einigen Jahren Berufspraxis gründete er eine eigene Firma, die sich mit der Entwicklung von Anwendungssoftware beschäftigte. Diese führte er mehr als fünfundzwanzig Jahre lang. In seiner zweiten Lebenshälfte widmet er sich nun seinem privaten Forschungsvorhaben. Er hat sich die Aufgabe gestellt, die Physik von Information, Bedeutung und Bewusstsein näher zu erforschen und einem breiteren Publikum zugänglich zu machen. Im Jahr 2008 veröffentlichte er ein aufsehenerregendes Sachbuch mit dem Titel »Unsterbliches Bewusstsein – Raumzeit-Phänomene, Beweise und Visionen«.

Quanten-bewusstsein

Norbert Wrobel
Klaus-Dieter Sedlacek

Natürliche Grundlagen einer Theorie des evolutiven Quantenbewusstseins

Wissenschaftliche Bibliothek

Bibliographische Information Der Deutschen Bibliothek:
Die Deutsche Bibliothek verzeichnet diese Publikation in
der Deutschen Nationalbibliographie; detaillierte
bibliographische Daten sind im Internet über
http://dnb.ddb.de
abrufbar.

Originalausgabe
© 2014 Klaus-Dieter Sedlacek, Norbert Wrobel
Internet: www.klaus-sedlacek.de

Herstellung und Verlag:
BoD – Books on Demand, Norderstedt
ISBN 978-3-7386-0013-1

Inhaltsverzeichnis

0. Vorwort des Mediziners Norbert Wrobel

Der mit Klaus-Dieter Sedlacek begonnene, interdisziplinäre Dialog zu der Frage „Was ist Krankheit?" führte zunächst zu einer gründlichen Aussprache in Sachen Quantenphysik, und hier insbesondere zu Fragen der Quanteninformationstheorie. Dieser sehr intensiv geführte Dialog hat geholfen, mich von der „alten" mechanistischen Denkweise zu lösen und zugleich dem Umfassenderen der „neuen" Physik zuzuwenden. Ich bin inzwischen davon überzeugt, dass der „Mensch von heute" als ein sich selbstorganisierendes, dissipatives Nichtgleichgewichtssystem aufgefasst werden kann und nach den gleichen Prinzipien funktioniert, wie die 4-dimensionale Welt erzeugt wird, in der wir leben: durch elementare Information und reinem Zufall (Leben aus Quantenstaub).

In dieser Schrift will ich nun das Bindeglied zwischen dem metrikfreiem Vakuum (= Nichts)[1] und der realen Welt, nämlich durch Bewusstsein ausgelöste informationsverarbeitende Prozesse, einer differenzierten Betrachtung unterziehen. Üblicherweise wird der Begriff "Bewusstsein" mit kognitiven, höheren Hirnleistungen in Verbindung gebracht. In dem bisher geführten Dialog wurde der gewählten Sprach- und Denkweise (Syntax, Semantik) gemäß, Bewusstsein jedoch einer Informationsverarbeitung, als ein quantenphysikalisches Prinzip, zugeordnet. Alles was es in dieser Welt gibt, also alle Quantenobjekte, sind prinzipiell in diesen Prozess eingebunden. Übereinstimmend ist Information, Fluktuation (=reiner Zufall) und Dekohärenz, Verschränkung und Evolution als elementar aufgefasst worden. Mit diesen Zutaten gelingt es, materiehaltige Wirklichkeit in einer 4-

---

1   Ein metrikfreies Vakuum (= Nichts) ist ein nichtlokales physikalisches Feld (d.h. nicht zur Raumzeit gehörend), das außer Information, die zu Energie oder Materie äquivalent ist, nichts enthält.

dimensionalen Welt zu erzeugen.

Aus unmittelbarer Lebenserfahrung heraus wird Bewusstsein mit etwas Lebendigem verbunden. Intuitiv wird es organischer Materie zugeordnet. Aus evolutionären Gründen glauben wir, ein Mensch weise das am höchsten entwickelte Bewusstsein auf, denn seiner Entwicklung ist ein langer onto- bzw. phylogenetischer Prozess vorausgegangen. Durch die Erdentwicklungsgeschichte ist aber belegt, Anorganisches war vor dem Lebendigen da. Wenn aus quantentheoretischer Sicht eine Art „geistige" Wechselwirkung aller Quanten-Objekte mit dem metrikfreien Vakuum (=Nichts) möglich ist, stellt sich zwingend die Frage, ob nicht auch Anorganisches (=Totes) Bewusstsein haben muss. Wenn dem so ist, können prinzipiell die durch alle Quantenobjekte ausgelösten, informationsverarbeitenden Prozesse die Welt formen, in der wir leben.

Berlin im Herbst 2014

Norbert Wrobel

1. Vorwort des Mathematikers Klaus-Dieter Sedlacek

Es erstaunt mich immer wieder, welche Synergie-Effekte ein interdisziplinärer Dialog entwickeln kann. Der erste per Email geführte Dialog mit Norbert Wrobel, der gemeinsam unter dem Titel „Leben aus Quantenstaub" veröffentlicht wurde, führte unter anderem zu der Erkenntnis, woher der von der Mainstream-Physik nicht erklärbare Überschuss an positiver Energie bzw. Materie im Universum stammt. Um es populär auszudrücken, die Überschussenergie, die es nach dem Energieerhaltungssatz eigentlich nicht geben dürfte, existiert deshalb in unserem Universum, weil sie „geborgte Energie" ist, die aus Vakuum-Fluktuationen stammt, deren Rückzahlung bzw. Ausgleich bis ans Ende der Zeit auf sich warten lässt.

Im neuen Dialog gibt es wieder spannende Ergebnisse für den Leser. Obwohl ich selbst nicht im Fachbereich Mikrobiologie zu Hause bin, konnte ich in Zusammenarbeit mit Norbert Wrobel doch etwas entdecken, was ein Mikrobiologe, der ausschließlich sein Fachgebiet kennt, vielleicht nicht gesehen hätte. Je mehr ich über das Verhalten und das Leben von Mikroben las, desto mehr faszinierte mich die Mikrobiologie, und Fragen tauchten auf, für die Mikrobiologen offenbar noch keine Antwort gefunden hatten.

Nehmen wir zum Beispiel die sogenannte Mondmilch, die Forscher in den Tiefen einer Tiroler Eishöhle entdeckt hatten. Jeder Tropfen dieser Mondmilch enthält eine riesige Menge an Mikroben, eine Lebensgemeinschaft, von der man sich kaum vorstellen kann, wie deren Mitglieder es schaffen, unter den extremen, dunklen und frostigen Bedingungen der Höhle zu überleben und sich zu vermehren. Gut, manche der Mikroben mögen als Nahrung für andere dienen. Doch es gibt einen Anfang der Nahrungskette. Wie schaffen es die Mikroben, die am Anfang der Nahrungskette stehen, zu überleben und sich zu vermehren? Wo kommt die Energie für Ihren Stoffwechsel her? Welche informationsverarbeitenden Prozesse sorgen dafür, dass sie überleben können? Und eine Frage, deren Beantwortung mich besonders interessiert: Erfüllen die für das Überleben notwendigen informationsverarbeitenden Prozesse womöglich die Kriterien einer rudimentären Form von Bewusstsein? Wenn ja, dann hätte das weitreichende Auswirkungen auf unsere Vorstellungen von der Entwicklung des Lebens (Phylogenese).

Ich denke wir haben Antworten gefunden und Norbert Wrobel hat daraus sogar eine Theorie geformt, die nun jeder nachlesen kann.

Spanien im Herbst 2014

Klaus-Dieter Sedlacek

2. Quantenassoziierte Aspekte der Entwicklung des Lebens (Phylogenese)

2.1 Bewusstsein als onto- und phylogenetischer Entwicklungsprozess

@ KDS:

Sehr geehrter Herr Sedlacek,

der Begriff "Bewusstsein" wird üblicherweise mit kognitiven Hirnleistungen in Verbindung gebracht. In dem bisher geführten Dialog (*Wrobel/Sedlacek: Leben aus Quantenstaub: Elementare Information und reiner Zufall im Nichts als Bausteine einer 4-dimensionalen Quantenwelt*) haben wir nach unserer Sprach- und Denkweise (Syntax, Semantik) „Bewusstsein" direkt einer Informationsverarbeitung zugeordnet.[2] Als ein informationsverarbeitender Prozess gemäß der Norm DIN IEC 60050-351 stellt es die Verbindung zwischen dem metrikfreiem Vakuum (=Nichts) und der realen Welt her. Alles was es in dieser Welt gibt, also alle Quantenobjekte, sind prinzipiell an diesem Prozess beteiligt. Wir sind übereingekommen, wonach

- Information

- Fluktuation[3] (=reiner Zufall) und Dekohärenz[4]

---

2 Zum Begriff „Bewusstsein" siehe auch Kasten auf S. 66

3 **Fluktuation** bezeichnet hier einen zufälligen quantenphysikalischen Prozess, der einen Wechsel von Gegebenheiten und Zuständen bewirkt.

4 **Dekohärenz** ist ein Zerfall des Zustands eines bisher abgeschlossenen quantenmechanischen Systems, wenn dieses mit seiner Umgebung in

- quantenmechanische Verschränkung[5]

- Evolution

als elementar aufzufassen ist (Wrobel/Sedlacek: *Quantenstaub*, S. 93). Mit diesen Zutaten gelingt es, materiehaltige Wirklichkeit einer 4-dimensionale Welt zu erzeugen.

Aus unmittelbarer Lebenserfahrung heraus verbinden wir Bewusstsein mit etwas Lebendigem und ordnen dies intuitiv organischer Materie zu. Weiter nehmen wir aus evolutionären Gründen für einen Menschen an, er weise, was das Bewusstsein anbetrifft, die höchste Entwicklungsstufe auf.

Sollte es tatsächlich so sein, muss dem allerdings ein langer onto- bzw. phylogenetischer Entwicklungsprozess (Haeckel, Darwin) vorausgegangen sein. Apriorisches, organisches Bewusstsein (Kant) hingegen kann wohl ausgeschlossen werden, denn die Erdentwicklungsgeschichte hat gezeigt, Anorganisches war vor dem Lebendigen da.

Ausgehend von der Einheit der Natur ist Bewusstsein als eine universelle Eigenschaft alles "Seienden" in der 4-dim-Welt aufzufassen, was konsequenterweise bedeutet, auch Anorganisches muss über Bewusstsein verfügen.

Wie könnte man sich nun aus naturwissenschaftlicher Perspektive dem Problem annähern, um eine Lösung für etwas zu finden, was unserer Lebenserfahrung total widerspricht? **Sollte etwa ein Felsbrocken auch über Bewusstsein verfügen?**

Wechselwirkung tritt, wodurch sowohl der Zustand der Umgebung als auch der des Systems irreversibel verändert wird.

5 **Quantenverschränkung** ist ein physikalisches Phänomen, bei dem zwei oder mehr Teilchen eine nichtlokale Verbindung miteinander eingehen. Messungen bestimmter physikalischer Meßgrößen verschränkter Teilchen sind korreliert. Das heißt, misst man eine Quanteneigenschaft bei Teilchen A (z.B. Spin), so ist die dazu korrelierte Eigenschaft (z.B. negativer Spin) ohne Verzögerung (instantan) auch bei Teilchen B anzutreffen.

Eine vielversprechende Möglichkeit besteht darin, nach evidenzbasierten Erkenntnissen aus der Naturwissenschaft zu suchen: Die großen Naturforscher, wie beispielsweise Ernst Haeckel[6], haben ...

> *„... im Kampfe der Weltanschauungen manchem ehrlichen und nach reiner Vernunft-Erkenntniss ringenden Leser denjenigen Weg gezeigt, der nach seiner festen Überzeugung allein zur Wahrheit führt, den Weg der empirischen Naturforschung und der darauf gegründeten monistischen Philosophie"* [7]

Hinsichtlich eines anderen Werkes Haeckels, der "Natürlichen Schöpfungsgeschichte" hat Darwin[8] voller Anerkennung gesagt:

> *„Wäre dieses Buch erschienen, ehe meine Arbeit (Die Abstammung des Menschen) geschrieben war, würde ich sie wahrscheinlich nie zu Ende geführt haben; fast alle Folgerungen, zu denen ich gekommen bin, finde ich durch diesen Forscher bestätigt, dessen Kenntnisse in vielen Punkten viel reicher sind als meine"*[9]

In "Die Welträthsel" greift nun Haeckel das Thema Bewusstsein nach onto- bzw. phylogenetischen Entwicklungsgesichtspunkten auf und führt in dem Psychologischen Teil „Die Seele" u.a. aus:

> *„**Seele ist eine Summe von Lebenserscheinungen**, die an ein bestimmtes materielles Substrat gebunden sind, das ich **Psychoplasma** nennen will, weil dies Substrat als zur Gruppe der Plasmakörper gehörig nach-*

---

6   **Ernst Haeckel** (1834–1919), Zoologe und Philosoph, gilt als der „deutsche Darwin"

7   Haeckel: Einleitung zu „Die Welträthsel"
    http://www.zum.de/stueber/haeckel/weltraethsel/weltraethsel.html

8   **Charles Darwin** (1809-1882), britischer Naturforscher, veröffentlichte im Alter von 51 Jahren seine Evolutionstheorie

9   Charles Darwin: Introduction „The Decent of Man"

*gewiesen ist. Auch **schon den Atomen wohnt die einfachste Form der Empfindung und des Willens inne**[10], als eine universelle 'Seele' primitivster Art".*

Seiner „**Theorie des Bewusstseins**" folgend stellte er die Hypothese des bewussten und unbewussten Seelenlebens auf. Bewusstsein sei wie jede andere Seelentätigkeit eine Natur-Erscheinung und dem Substanz-Gesetz unterworfen. Unterschieden wird das Bewusstsein der Außenwelt als das „Weltbewusstsein" gegenüber einer Inneren Spiegelung aller unserer Vorstellungen, Empfindungen und Strebungen oder Willenstätigkeit, dem „**Selbstbewusstsein**".

Er nahm an, dass die ältesten Vorfahren des Menschen, einzellige Urtiere **(Protozoen)**, aus der systematischen Einheit der **Protisten**[11], wie beispielsweise die Amöbe, lediglich unbewusst "beseelt" sind und brachte diese Eigenschaft mit Plasma-Molekülen **(Plastidule)** in Verbindung:

"Die psychischen Vorgänge dort sind damit die Brücke, welche chemische Vorgänge in der unorganischen Natur mit dem Seelenleben der Tiere verbindet".

Aufgrund gleicher Elementarstrukturen, wie Zelle und Plasma, schlussfolgerte er, auch **Pflanzen müssen beseelt sein**.

In seiner genetischen Molekulartheorie formulierte er eine provisorische Hypothese, wonach die originären Entwicklungsprozesse streng mechanisch und aus physikalisch-chemischen Elementen hervorgegangen sind: „Die

---

10 Ein modernes Experiment, das diese Aussage zu bestätigen scheint, ist das Doppelspaltexperiment mit Elementarteilchen. Auf seinem Weg durch die Spalte erkennt das Elementarteilchen (= Form der Empfindung), ob ein oder zwei Spalte geöffnet sind. Sind zwei Spalte geöffnet, entscheidet es sich für einen nicht vorherbestimmbaren Weg durch einen oder beide Spalte (= Willen).

11 Zu den **Protisten** gehören gehören alle ein- bis wenigzelligen Eukaryoten, also Algen, Protozoen und einige Pilze.

Perigenisis der Plastidule" oder die „Wellenzeugung der Lebenstheilchen". Er ging davon aus, dass

- das **Protoplasma**[12] die physikalische Basis des Lebens ist,

- die einfachsten Lebewesen wie Protogenes primordialis (Protomonas) ein homogenes, strukturloses Protoplasma aufweisen, so gleichartig und homogen wie Kristall, und an der Grenze zwischen Organischem und Anorganischem, also zwischen der sogenannten lebendigen und toten Natur, stehen,

- Leben auch an formlose Substanzen von bestimmter physikalischen Beschaffenheit und chemischer Zusammensetzung gebunden ist,

- Eigenschaften des Organischen auch Anorganischem zukommt und damit Gemeingut aller Naturkörper und in letzter Konsequenz auch der Atome wird,

- jedes Atom eine inhärente Summe von Kraft besitzt und in diesem Sinne „beseelt" ist,

- ohne die Annahme einer „Atom-Seele" die Erscheinungen der Chemie bzw. Physik, wie Anziehung und Abstoßung oder Bewegung der Atome i.S. von **Empfindung** und **Willen**, unerklärlich sind,

- jedes Massenatom mit einer konstanten und ewigen Seele ausgestattet und damit unsterblich ist,

- sterblich hingegen nur die zahllosen und ewig wechselnden Verbindungen der Atome sind,

---

12 **Protoplasma** ist heute eine wenig gebräuchliche Bezeichnung für die Zellen ausfüllende plasmaartige Grundstruktur einschließlich dem Zellkern. Das Zellplasma ohne Kern und ohne strukturell abgrenzbare Bereiche mit besonderer Funktion wird heute mit **Zytoplasma** bezeichnet.

- Plasma-Moleküle (Plastidule) **Gedächtnis**, entscheidend für die Fortpflanzung, besitzen und als Lebenstheilchen zu bezeichnen sind,

- verzweigte Wellenbewegungen der Plastidule als mechanische Ursache des biogenetischen Prozesses (= periodische Massenbewegung) aufzufassen ist.[13]

In seiner umfangreichen Ausarbeitung "Generelle Morphologie" (Haeckel, 1866) und später in der feiner profilierten „Natürlichen Schöpfungsgeschichte" (Haeckel, 1868) beschrieb er die **Zellular-Psychologie** (Zellulare Theorie des Bewusstseins) als eine Lebenseigenschaft jeder Zelle. Im Gegensatz dazu wies er in der "Atomistischen Theorie des Bewusstseins", wonach **jedes chemische Element elementares Bewusstsein** hätte, allem Anorganisch-Totem eine „unbewusste Seele" als Kennzeichen zu.

Transzendente Erklärungsansätze als übernatürliche Erscheinungen bestimmter Gehirn-Funktionen wollte er auf keinen Fall zulassen:

> *„Das neurologische Problem des Bewusstseins ist nur ein besonderer Fall von dem allumfassenden kosmologischen Problem, nämlich der Substanzfrage".*

Er akzeptierte methodologisch allerdings einen introspektiven Ansatz als subjektive, innere Methode, wonach die unmittelbare Gewissheit des Ich als "Selbstbewusstsein" hervorgehen sollte: "Cogito, ergo sum - Ich denke, also bin ich" (Descartes).

Hinsichtlich der Fülle an Haeckels Ausarbeitungen ergibt sich ganz zwangsläufig ein Bündel von Fragen:

- Lassen sich die fast 150 Jahre alten Erkenntnisse überhaupt auf die heutige Zeit übertragen?

---

13 Haeckel: Die Perigenisis der Plastidule

- Können die Erkenntnisse, die vor allem aus der damals üblichen Protisten-Klassifikation (Urwesen, Erstlinge) - eine Gruppe nicht näherverwandter mikroskopischer Lebewesen wie Algen, Einzeller oder einige Pilze - als eine systematische Einheit abgeleitet worden sind, auf die heutige Lebewesen-Klassifikation mit den Domänen Bakterien, Archaeen[14] und Eukaryonten übertragen werden?

- Wie könnte der Nachweis einer Art Bewusstsein auch bei Anorganisch-Totem tatsächlich geführt werden?

In der Vakuum-Theorie[15] wird ausgeführt, im metrikfreien Vakuum (= Nichts) würden fundamentale physikalische Prozesse als "informationsverarbeitende Prozesse" stattfinden. Es handele sich beim metrikfreien Vakuum um einen Informationsspeicher, in dem alle Vorgänge (Wechselwirkungen) der Raumzeit[16] verzeichnet und niemals gelöscht werden. Die informationsverarbeitenden Prozesse dort würden den Kriterien für Bewusstsein genügen. Man kann sie deshalb auch als Bewusstseinseinheiten bezeichnen. Die Bewusstseinseinheiten bestehen aus einer Informationsart, die äquivalent zu Energie oder Masse ist[17].

@@@

> ### Begriffe
>
> - Ein **metrikfreies Vakuum (= Nichts)** ist ein **nicht**lokales physikalisches Feld (d.h. nicht zur Raumzeit gehörend), das außer zu Energie oder Materie äquivalente Information, nichts enthält.

---

14 **Archaeen** (Urbakterien) sind einzellige Organismen.

15 Sedlacek: *Widerhall des Urknalls*, S. 175ff.

16 Die **Raumzeit** bezeichnet in der Relativitätstheorie die Vereinigung von Raum und Zeit in einer einheitlichen vierdimensionalen Struktur mit speziellen Eigenschaften. Die Raumzeit dient als Modell für die Geometrie unserer realen Welt.

17 a.a.O. S. 176f.

- **Quantenbiologie** ist die Bezeichnung für ein Teilgebiet der Biophysik. Sie befasst sich mit der Einwirkung von Quanten auf lebende Zellen eines Organismus und untersucht die energetischen Prozesse und Veränderungen, die dabei möglicherweise im Bereich der Atome und der Moleküle auftreten.[18]

- Als **Plasmon (Physik)** werden die quantisierten Schwankungen der Ladungsträgerdichte in Halbleitern und Metallen bezeichnet; quantenmechanisch werden sie als **Quasiteilchen** (= Anregung im Vielteilchensystem) behandelt. Der Begriff ist eine gebräuchliche Abkürzung für Plasmaschwingungsquanten. Was das Photon für elektromagnetische Wellen darstellt, ist das Plasmon für Schwingungen im Fermigas[19] von Metallen.[20]

- **Plasmon (Biologie):** *1.) physisches Plasmon*, die physische Gesamtheit der extrachromosomalen, plasmatischen Erbfaktoren einer Zelle oder eines Organismus. Zum Plasmon werden das (physische) Chondrom, das (physische) Plastom (bei Pflanzen) sowie die Erbanlagen anderer Plasmafaktoren gezählt.
2.) typisches Plasmon, die Gesamtheit der Typen von extrachromosomalen Genen einer Zelle, z.B. die Gesamtheit ihres typischen Chondroms und Plastoms; das Gemeinsame, was zwei Zellen oder Individuen im Hinblick auf

---

18   vgl. http://de.inforapid.org/index.php?search=Quantenbiologie
19   System identischer Teilchen vom Typ Fermionen in der Quantenphysik
20   vgl. http://cms.uni-konstanz.de/index.php?
     eID=tx_nawsecuredl&u=0&file=fileadmin/physik/gantefoer/
     pdfDateien/SS05/08.pdf

ihre extrachromosomalen Erbfaktoren genetisch identisch seinlässt.

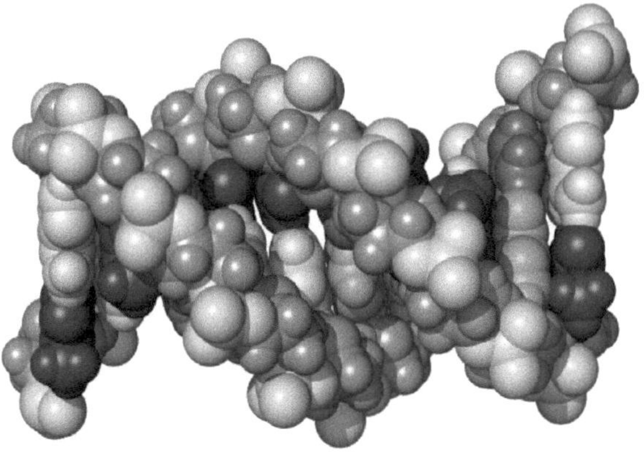

Abb. 1: DNA-Abschnitt, Lizenz: CC0 by Yikrazuul

- **Genom**

  1) *physisches Genom*, die in einem Virus, einer Einzelzelle oder in den Zellen eines mehrzelligen Organismus enthaltene **physische Gesamtheit der Gene und genetischen Signalstrukturen** sowie auch der DNA-Bereiche (Desoxyribonukleinsäuren), denen keine oder noch keine Funktion zugeordnet werden kann. So umfasst das gesamte physische Genom eines erwachsenen Menschen ca. 20.000 bis 25.000 Gene. Da keine 2 Zellen oder Individuen dieselbe konkrete DNA teilen können, können sie auch nicht dasselbe physische Genom besitzen. 2 Zellen können nur in dem Sinne dasselbe Genom haben, in dem sie Gene desselben Typs besitzen, d.h. in dem ihre DNA die gleichen Sequenzen bzw. Funktionen hat. Aus diesem Grunde muss das physische Genom vom typischen Genom unterschieden werden.

2) *typisches Genom*, die in einem Virus, einer Einzelzelle oder in den Zellen eines mehrzelligen Organismus enthaltene Gesamtheit der Sorten oder Typen von Genen und genetischen Signalstrukturen. Die Katalogisierung dieses typischen menschlichen Genoms ist u.a. Ziel des Genomprojektes.

Bei den aus kernhaltigen Zellen (Eucyte) aufgebauten Organismen **(Eukaryonten)** unterteilen sich sowohl physisches als auch typisches Genom in das Kern-Genom, d.h. die in den Chromosomen des Zellkerns enthaltene DNA, das hier häufig auch als das eigentliche Genom bezeichnet wird, und das in den zytoplasmatischen Organellen[21] enthaltene Genom **(Plasmon)**, das aus dem in den Mitochondrien lokalisierten Genom (mitochondriales Genom oder **Chondrom**) und bei Pflanzen und Grünalgen zusätzlich aus dem in Plastiden[22] lokalisierten Genom (plastidäres Genom oder Plastom) besteht. Auch hier muss jeweils das physische vom typischen Kern-Genom bzw. Plasmon, Chondrom oder Plastom unterschieden werden.

Chondrom
1) *physisches Chondrom*, die physische Gesamtheit der DNA eines Mitochondriums[23]

---

21 Eine **Organelle** ist ein strukturell abgrenzbarer Bereich einer Zelle mit einer besonderen Funktion.

22 Zellorganellen der Pflanzen und Algen, die aus endosymbiontisch lebenden Zellen hervorgegangen sind. Sie werden unter anderem für die Photosynthese benötigt.

23 Das **Mitochondrium** ist ein Zellbestandteil, das die Zellatmung und damit die Energieversorgung einer Eukariotenzelle leistet. S.a. Abb. 2 auf S. 29 und Kasten auf S. 28

oder auch aller Mitochondrien einer Zelle oder eines Organismus (extrachromosomale Erbfaktoren). Der Anteil mitochondrialer DNA (mtDNA, mt-DNA) am Gesamt-DNA-Gehalt einer Zelle kann zwischen 0,5% und 20% liegen. 2) *typisches Chondrom*, die Gesamtheit der Typen von mitochondrialen Genen und anderen Funktionseinheiten der mitochondrialen DNA.

- **Plastom**
  1) physisches Plastom, physische Gesamtheit der DNA bzw. der Gene und anderer Funktionseinheiten einer Plastide oder aller Plastiden einer Zelle oder einer Pflanze.
  2) typisches Plastom, typisches Plastidengenom, Gesamtheit der Typen von Genen und anderen Funktionseinheiten einer Plastide; der Satz der plastidären DNA, der innerhalb einer Plastide mehrfach vorkommen kann (Polyploidie) oder im Hinblick auf die zwei Plastiden, zwei Zellen oder zwei Pflanzen genetisch identisch sein können.

- **Signalstrukturen** sind die als Signale bei der Speicherung oder Weitergabe von Information wirkenden Strukturen. Biologische Signalstrukturen sind besonders auf molekularer Ebene bekannt (Signalsequenzen), z.B. der Replikationsursprung zur Signalisierung des Starts von DNA-Replikation.

- **Plasmafaktoren**: Sammelbezeichnung für im Zellplasma (= Zytoplasma) existierende, genetische Information tragende Einheiten, wie z.B. Mitochondrien, Chloroplasten und Kappa-Faktoren in Eukaryonten Zellen oder Plasmide in prokaryoten Zellen. Die durch Plasmafaktoren in Eukaryonten Zellen codierten Merkmale

> werden nicht nach den Mendel'schen Regeln vererbt (zytoplasmatische Vererbung).

2.2 Biologie und Physik des Organischen und Anorganischen

@ KDS:

… ich habe inzwischen aus Biologiebüchern aus dem 1950er Jahre eine Definition von Plasmon (Biologie) gefunden. In diese sind seit der 1920er Jahren wichtige Erkenntnisse eingeflossen. Demnach handelt es sich um einen Überbegriff für einen speziellen zytoplasmatischen Bereich, der die extrachromosomale Vererbung einschließt. Demgegenüber bezeichnet das Genom die chromosomale und extrachromosomale Vererbung in ihrer Gesamtheit.[24]

Sehr interessant erscheinen mir die Begriffe "Signalstrukturen" und "Plasmafaktoren", mit denen möglicherweise eine Analogie mit dem Plasmon der Physik hergestellt werden könnte.[25]

Das Plasmon (Biologie) jedenfalls ist eindeutig zuständig für die extrachromosomale Vererbung, d.h. die Mendel'schen Regeln treffen für diese Art der Vererbung nicht zu. Möglicherweise sind die in der Biologie vorkommenden Signalstrukturen und Plasmafaktoren an der Auslösung **informationsverarbeitender Prozesse** beteiligt. Demgegenüber wird das Plasmon (Physik) quantenphysikalisch wie „Quasiteilchen" behandelt.

Stelle mir nun die Frage ob Plasmone in der Biologie bzw. Physik nach gleichen Prinzipien Wirkung entfalten: In der Biowissenschaft gibt es den Begriff der Oberflächenplasmonresonanz (SPR: Surface-Plasmon-Resonance). Es werden

---

24 Oehlkers (1956); Hagemann; Dessauer (1954)

25 http://de.m.wikipedia.org/wiki/Plasmon_(Physik)

beispielsweise Gold-Nanopartikel aber auch Diamanten in Nanogröße eingesetzt. Die dort nachweisbaren Quanteneffekte werden anscheinend von „Quasiteilchen" vermittelt. Könnten Sie anschaulich erklären, was damit gemeint ist?

Könnte irgendeine Querverbindung von Quasiteilchen mit der extrachromosomalen Vererbung (Plasmon-Biologie, Signalstrukturen, Plasmafaktoren) hergestellt werden?

Der Einfluss von Licht (Photonen) auf das Wachstum von Pflanzen ist hinreichend gut belegt. Bei diesen dürften Plastide **(Chromoplasten)** eine herausragende Rolle spielen. Bei Meeresalgen sind Quanteneffekte bereits eindeutig nachgewiesen worden.[26]

Demnach sind beispielsweise Algen bei der Umwandlung von Licht in Energie ausgesprochen effizient. Wie sehr sie es tatsächlich sind lässt sich daran abschätzen, dass Forscher ausgesprochen glücklich sind, bei der technischen Photovoltaik einen Wirkungsgrad von 12% zu erzielen.[27]

Im Gegensatz dazu liegt die Ausbeute bei der natürlichen Photosynthese bei 95% (!). Wie lassen sich die großen Unterschiede erklären?

@@@

> ### *Physiker öffnen die Türen für Quasiteilchen*
>
> *Innsbrucker Physiker haben in einem Quantensystem Quasiteilchen erzeugt und dabei erstmals die Ausbreitung quantenmechanischer Verschränkung in einem Vielteilchensystem beobachtet.*
>
> *Mehr unter:*
>
> http://www.juraforum.de/wissenschaft/physiker-oeffnen-

---

26 http://www.spektrum.de/news/alge-nutzt-quanteneffekte/1020976

27 vgl. http://www.pro-
    physik.de/details/news/6426371/Druckfaehige_Perowskit-
    Solarzellen_immer_stabiler.html

tuer-in-die-welt-der-quasiteilchen-485617

http://derstandard.at/2000002874314/Physiker-studieren-erstmals-Informationsfluss-in-groesserem-Quantensystem

http://www.oe-journal.at/index_up.htm?http://www.oe-journal.at/Aktuelles/!2014/0714/W2/31007oeaw.htm

@ NW:

Sehr geehrter Herr Wrobel,

im ersten Beitrag (Juraforum) scheint der Autor wenig Verständnis für die moderne Physik aufzubringen, wenngleich der Beitrag inhaltlich nicht zu beanstanden ist. Wie in den zwei weiteren Beiträgen geht es unter anderem darum nachzuweisen, ob Quanteneffekte, hier die Verschränkung, nicht nur bei Photonenpaaren oder Paaren anderer Quantenteilchen vorkommen, sondern auch in großen Systemen, wie in großen und warmen Festkörpern, wenn nicht sogar in lebenden Organismen, also überall in unserer Welt um uns herum. Zu diesem Zweck wurde bereits 2003 ein Experiment am University College durchgeführt:

Man setzte ein Stück Lithiumfluorid einem Magnetfeld aus. Dieses Salz ist magnetisierbar. Die Atome im Salz verhalten sich wie kleine Magnete und sind bestrebt, sich längs der magnetischen Feldlinien auszurichten. Die Forscher maßen, wie schnell sich die Atome ausrichteten. Das geschah offensichtlich viel schneller als es durch klassische Wechselwirkungen zwischen den Atomen erklärbar ist, weswegen als Erklärung nur originäre Verschränkung infrage kommt.

Die Atome eines Salzes müssen also irgendwie miteinander verschränkt sein. In den neueren Experimenten, wie in den Beiträgen beschrieben, geht es ebenfalls darum, wie schnell sich in größeren Quantensystemen korrelierte Zustände ausbreiten können, um daraus wieder auf die Verschränkung zu schließen. Irgendwann wird es wahrscheinlich möglich sein, anhand der Ergebnisse wissenschaftlich korrekt nachweisen zu können, wo, wie und in welchem Umfang verschränkte Zustände in unserer Alltagswelt und auch beim Menschen vorkommen.

@@@

@ KDS:

… wie könnte das Quasiteilchen-Experiment in unserer Sprach- und Denkweise interpretiert werden? Es muss sich um einen Prozess und um "geliehene" Energie handeln. Interessanterweise wollen die Innsbrucker Physiker Verschränkung quantifizieren bzw. normieren.

Nun haben Sie im Rahmen Ihrer Vakuum-Theorie bereits Lösungen formuliert. Ist der von den Forschern gewählte Ansatz überhaupt sinnvoll? Wenn ja, wie könnte man mit Ihrer Lösung zu sinnvollen Fragestellungen kommen?

@@@

@ NW:

… ich will gerne versuchen das geistige Skalpell anzusetzen und die Berichte über die Quasiteilchen sezieren, um zu untersuchen, wozu das Ganze gut sein könnte.

Unter einem Quasiteilchen versteht die Physik eine wellenartige Anregung (Schwingung) eines Vielteilchensystems oder Festkörpers, die **rechnerisch** wie ein Teilchen der Quantenphysik behandelt werden kann.

Ein Quasiteilchen ist also weder der Festkörper noch ist es die Menge der Teilchen, die durch Anregung in Schwingung versetzt wird, sondern es ist die Anregung bzw. es sind die Schwingungen selbst. Ein Quasiteilchen ist aufgrund seiner Definition nichts, was der realen Welt angehört, es ist ganz einfach etwas Mathematisches, wie beispielsweise ein Quadrat oder eine Formel. Was bei einem Quasiteilchen real sein soll, hat uns die Physik bisher nicht gesagt. Bedauerlicherweise nehmen Physiker immer wieder gern ihre abstrakten Konstrukte für bare Münze und entwickeln daraus reale Entitäten.

Real ist nur das Vielteilchensystem oder der Festkörper nicht aber das Quasiteilchen.

Damit es Quasiteilchen überhaupt gibt, bedarf es der Anregung. Das heißt, dem Vielteilchensystem oder dem Festkörper muss von außen Energie zugeführt werden, z. B. durch einen Laserstrahl. Ohne diese Zuführung von Energie gibt es keine Anregung und damit auch kein Quasiteilchen.

Welchen Zweck hat nun die Herstellung von Quasiteilchen? Einzig der, ihnen Eigenschaften realer Teilchen wie Masse, Impuls, Energie, Wellenlänge und Spin[28] zuzuschreiben. Das bedeutet, man kann etwas messen, man kann ihr Verhalten beschreiben. Man kann Quantenphänomene erforschen, die experimentell mit realen Teilchen sonst nicht zugänglich sind. Zitat aus dem Bericht:

> *„Ein großes Ziel ist es auch, Quasiteilchen für die Quanteninformationsverarbeitung zu nutzen". Aber auch die Rolle der Quantenphysik in Transportprozessen, wie sie ähnlich auch in der Biologie auftreten, könnte auf dieser Plattform studiert werden.*

Es bestehen für Quasiteilchen für die Verwendung in der Quanteninformationsverarbeitung ganz offensichtlich nur ungenaue Vorstellungen.

Was die Transportprozesse in der Biologie speziell während der Photosynthese unter Einfluss von Quantenphänomenen betrifft, haben wir ja schon Artikel im Internet gefunden und bewertet. Ich kann mir gut vorstellen, dass es in diesem Feld mit

---

28 **Spin** (Drall) ist der Eigendrehimpuls von Teilchen. Anschaulich, aber physikalisch nicht korrekt, kann man sich den Spin durch den Drall einer Kompassnadel erklären.

dem Konzept der angeregten Vielteilchensysteme (Quasiteilchen) zu weiteren wissenschaftlichen Erkenntnissen in nächster Zeit kommen wird.

Spekulativ möchte ich in diesem Zusammenhang noch bemerken: Bekannt ist, dass im menschlichen Körper Signale überwiegend elektrisch über Anregungen der Nerven weitergeleitet werden. Die Arbeit des Gehirns ist deshalb recht gut von außen beobachtbar, denn Denkvorgänge werden von elektromagnetischen Signalen und Wellen begleitet, die sich messen lassen.

Was jedoch nicht erklärbar ist, ist die hohe Geschwindigkeit von Denkprozessen, die ein Zusammenwirken weit entfernter Hirnareale benötigt. Die auseinanderliegenden Hirnareale sind nämlich im Regelfall nicht durch jene hohe Zahl an Nervenbahnen verbunden, die nötig sind, um die Geschwindigkeit nach klassischen Gesichtspunkten zu erklären. Hier muss man wohl davon ausgehen, dass es zu quantenphysikalischen Korrelationen zwischen den Hirnarealen kommt. Das heißt, der Informationstransport erfolgt mit Hilfe von Quantenverschränkungen. Da Gehirne oder die Nervenbahnen als Vielteilchensysteme aufgefasst werden können, vermute ich, dass mit dem Konzept der Quasiteilchen experimentelle Ergebnisse und damit wissenschaftliche Schlussfolgerungen möglich werden.

Wie müssen wir nun Quasiteilchen im Rahmen unserer Sprach- und Denkweise interpretieren? Die "Anregung" die zum Begriff des Quasiteilchens geführt hat, ist als ein Prozess aufzufassen. Zu diesem Prozess gehört die abstrakte Information, welche diese spezielle Anregung von anderen Anregungen unterscheidet. Prozess in Verbindung mit abstrakter Information hat den Charakter von Strukturinformation und ist damit äquivalent zu Energie. Allerdings wird die Energie nicht aus dem metrikfreien Vakuum geborgt, sondern sie kommt direkt aus der 4-dim-Welt und wird innerhalb dieser beispielsweise durch Laserlicht zugeführt.

Welchen „Nährwert" haben Quasiteilchen also für unsere mehr philosophische Betrachtung über die Grundlagen der Welt? Ich glaube, so gut wie keinen. Denn es handelt sich nicht um eine naturwissenschaftliche Erkenntnis, die man irgendwie in eine Theorie einordnen müsste, wie etwa das seltsame Verhalten von Quanten oder das erstaunliche Phänomen der "spukhaften Fernwirkung", sprich Quantenverschränkung.

Quasiteilchen haben mehr den Charakter eines Versuchaufbaus, so wie der Doppelspalt zum Doppelspalt-experiment gehört. Der Doppelspalt ist nicht das wissenschaft-liche Ergebnis. Das wissenschaftliche Ergebnis ist die erstaun-liche Interferenz von Photonen oder Elektronen auf dem Be-obachtungsschirm. Zu welchen Ergebnissen uns das Konzept der Quasiteilchen führen wird, wissen wir nicht. Wir können es nur vage vermuten.

Begriffe

- Die **Mitochondrien** gelten als die Kraftwerke einer Zelle. Ursprünglich war ein Mitochondrium ein kleines Bakterium, das in der Lage war, Energie durch Sauerstoff-Veratmung zu gewinnen.

- Das **Chondrom** repräsentiert den extrachromo-somalen Anteil des Genoms einer Zelle und findet sich im Mitochondrium. Es hat sich auf die energie-liefernde Aufgabe spezialisiert.

- **Plastide/Chloroplasten** sind die Photo-synthese-Fabriken der pflanzlichen Zellen. Ursprünglich stammten Plastide aus dem **Proto-plasma** von Blaualgen (= Cynobakterien) oder anderen Prokaryonten.

- Das **Plastom** repräsentiert den extrachromosomalen Anteil des Genoms einer Pflanzen-Zelle und wird den Plastiden zugeordnet. Plastiden werden für die Energiegewinnung aus Photosynthese benötigt. Sie sind zudem in der Lage Sauerstoff zu produzieren.

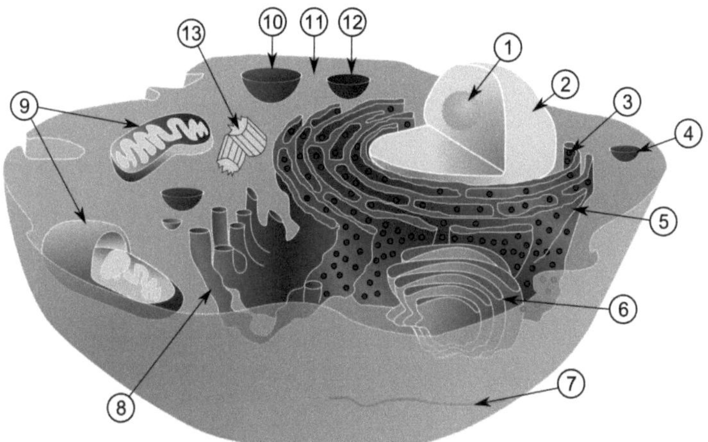

Abb. 2: Organisation einer typischen eukaryotischen Zelle 1. Nucleolus (chromosomale DNA) 2. Kernhülle 3. Ribosomen (Aufgaben der Proteinsynthese) 4. Vesikel zum Transport von Stoffen 5. Raues Endoplasmatisches Reticulum (ER) trennt Zellprozesse voneinander 6. Golgi-Apparat (Aufgaben des Zellstoffwechsels) 7. Mikrotubuli (u.a. für Bewegungen und Transporte innerhalb der Zelle) 8. Glattes ER 9. Mitochondrien (= Zellorganellen mit eigener Erbsubstanz. Aufgaben zur Zellatmung und Energieversorgung) 10. Chloroplast (photosynthetisch aktiv bei grünen Pflanzen). Zusätzlich haben Pflanzenzellen noch eine Vakuole als Verdauungsorgan (nicht abgebildet) 11. Zytoplasma (= die Zelle ausfüllende Grundstruktur) 12. Peroxisom (Entgiftungsapparat) 13. Zentriolen (Transport- und Stützaufgaben). Lizenz: CC-BY-SA 3.0 MesserWoland und Szczepan1990

2.3 Endosymbiontentheorie

> **Wie Forscher Tieren die Photosynthese beibringen wollen.**
>
> *Nur Pflanzen können Sonnenenergie nutzen? Nein, auch einige Tiere haben Wege gefunden, beim Sonnenbaden „satt" zu werden. Forscher wollen das anderen Lebewesen beibringen – und in ferner Zukunft vielleicht auch dem Menschen.*
>
> *Mehr unter:*
> http://www.tagesspiegel.de/wissen/ungewoehnliche-tiere-die-lichtfresser/10188286.html

@ KDS:

... kommen wir zurück auf die Frage, wie Lebewesen, und dazu gehören auch Algen, durch informationsverarbeitende Prozesse mit dem metrikfreiem Vakuum wechselwirken. Habe heute einen hochinteressanten Artikel entdeckt. Demnach nagt die Schnecke **Elysia timida** ein Loch in eine Fadenalge und saugt dann den Zellinhalt samt Chloroplasten (den Plastiden zugehörig) heraus. Das so Aufgenommene wird nicht verdaut, sondern entlang des Verdauungssystems abgelagert. Der Clou: Die Chloroplasten, jetzt in der Schnecke, wirken weiter wie vorher in der Alge und können ihr als Energielieferant dienen. Elysia timida ist demnach ein Tier mit eingebauten Solarzellen, ein Zwitter zwischen tierischem und pflanzlichem Leben.

Bei Meeresalgen sind Quanteneffekte bereits nachgewiesen worden. Könnte durch den besonderen Elysia-Fall nicht geschlossen werden, durch Quanteneffekte werden universelle Eigenschaften in Lebewesen ausgeübt? Bei Plastiden (Überbegriff **Plastom** bei Pflanzen für den extrachromosomalen Anteil des Genoms) ist bekannt, dass Licht "verwertet" wird. Könnte es ähnlich auch bei den Chondromen (ein weiterer extrachromosomaler Anteil des Genoms) sein, die den Mitochondrien zugeordnet werden?

Mitochondrien und Plastide der eukaryotischen Zellen sind durch **Endosymbiose**[29] im Zuge der Evolution sehr früh entstanden (→ Endosymbiontentheorie[30]). Dabei wurden Prokaryonten, wie Cyanobakterium und andere im Falle von Chloroplasten/Plastide bzw. Alpha-Proteobakterium im Falle von Mitochondrien, durch den Ur-Eukaryonten (Vorgänger der tierischen bzw. pflanzlichen Zellen) aufgenommen aber nicht verdaut bzw. abgebaut, sondern „am Leben gelassen" **(phagozytiert)**. Die in den Ur-Eukaryonten phagozytierten, einstmaligen Prokaryonten haben sich weiter im Zusammenspiel mit dem Ur-Eukaryonten vermehrt, sich aber im Laufe der Zeit zellulär-funktionell zurückgebildet und haben stattdessen spezifische Funktionen in den sich weiterentwickelten Ur-Eukaryonten übernommen: Die Mitochondrien in eukaryotischen Zellen vermehren sich durch Wachstum und Sprossung, Plastiden/Chloroplasten durch Teilung.[31]

Der Prozess der Endosymbiose ist wohl so abgelaufen:

Vor ca. 2 Milliarden Jahren, als sich in der Luft durch die Photosynthese der Blaualgen (= Cyanobakterien) schon Sauerstoff angesammelt hatte, ...

... phagozytierten Bakterien (= anaerobe Wirtszelle) mit geringer, d.h. uneffektiver Energiegewinnung, durch Gärungsprozesse kleinere Bakterien (= aerobe Zelle) mit wirksamer, effektiver Energiegewinnung durch Sauerstoff-Veratmung, ohne sie jedoch zu verdauen. Diese „neuen" Bakterien, mit etwas ausgestattet, was jetzt als

---

29 Zusammenleben oder Vergesellschaftung von Individuen zweier unterschiedlicher Arten, bei der einer der Partner in den Körper des anderen aufgenommen wird.
30 Die **Endosymbiontentheorie** ist erstmals von dem Botaniker Andreas Schimper im Jahr 1883 veröffentlicht worden.
31 vgl. http://www.pnas.org/content/95/8/4368.full

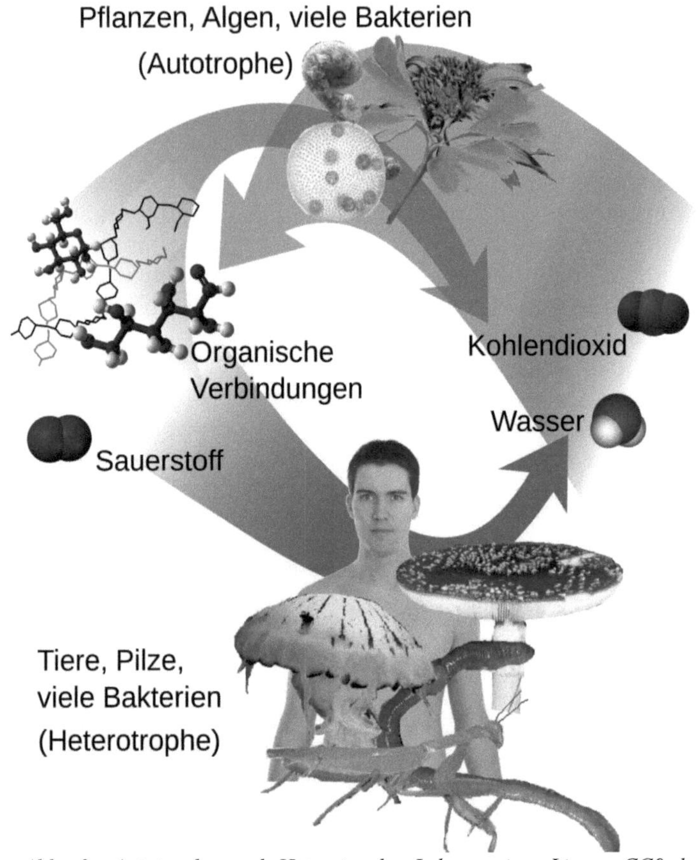

Abb. 3: Autotrophe und Heterotrophe Lebensweise. Lizenz CC0 by Florian Arnd

„Mitochondrium" bezeichnet wird, konnten sich nun heterotroph ernähren und gelten als Vorläufer der heterotrophen, Eukaryonten Einzeller und der Tiere.

Vor ca. 1,5 Milliarden Jahren wiederholte sich der Vorgang, indem bereits heterotrophe Bakterien, nunmehr ...

... Blaualgen (= Cyanobakterien) und ähnliche Strukturen, mit vorhandenen Chlorophyll oder Chlorophyllanaloga, mit prinzipieller Fähigkeit zur Photosynthese, als Endosymbionten aufnahmen und sich mit Hilfe der jetzt vorhandenen Plastiden/Chloroplasten nun auch autotroph[32] ernähren konnten. Sie sind die Ahnen von autotrophen, Eukaryonten Einzellern und Pflanzen.

Molekulargenetisch haben sich das DNA-Chondrom (im Mitochondrium) bzw. das DNA-Plastom (im Plastid) durch die Symbiose mit den Zellen weiter spezialisiert:

Photosynthetische Pigmente sind chemische Verbindungen, die nur bestimmte Wellenlängen des sichtbaren Lichts reflektieren. Dadurch erscheinen sie in den reflektierten Wellenbereichen farbig. Durch Ihre Fähigkeit, das Licht bestimmter Wellenlängen zu absorbieren, spielen viele Pigmente in der Natur eine große Rolle als Energie-Auffänger. Bei den Photosynthese betreibenden Organismen sind es primär diese Farbstoffe, die Sonnenenergie auffangen und nutzbar machen. Da Pigmente ganz typisch nur bestimmte Wellenlängen absorbieren, findet sich meist ein ganzes Ensemble verschiedener Farbstoffe, damit ein möglichst breiter Bereich des Sonnenspektrums ausgenutzt werden kann.

In *"Wrobel/Sedlacek: Leben aus Quantenstaub"* (S. 75) beschreiben Sie eine Klasse von elektromagnetischen Wellen, wozu auch die Photonen gehören. Bei Algen mit ihren Licht- und quantenassoziierten Plastom, das aber entwicklungsgeschichtlich erst später eine symbiotische Beziehung mit eukaryotischen Zellen eingegangen ist, muss sich das Chondrom (im Mitochondrium einer Zelle) vorher bereits

---

32 Unter **Autotrophie** wird die Fähigkeit von Lebewesen verstanden, ihre Baustoffe ausschließlich aus anorganischen Stoffen aufzubauen. Dieser Stoffaufbau erfordert Energie.

i. S. eines evolutionären Prinzips weiter entwickelt haben. Möglicherweise mit Fähigkeiten, alle Arten von elektromagnetischen Wellen "verwerten" zu können. Jetzt wäre es hoch spannend herauszufinden, ob und wie sich in einem Chondrom Quantenprozesse auswirken. Können Sie diese mit Hilfe Ihrer Theorie beschreiben?

2.4 Wirkweise der Plastide und Mitochondrien

@ NW:

… ich will versuchen, in vereinfachter Form festzuhalten, was ich über die Prozesse in Zellen weiß und daraus Schlüsse ziehen. Von der Photosynthese ist mir bekannt, dass es sich um einen Prozess handelt, der aus energiearmen anorganischen Stoffen wie Kohlendioxid und Wasser energiereiche Stoffe wie Sauerstoff herstellt.

Dieser Prozess vollzieht sich in drei Schritten:

Erstens wird die elektromagnetische Energie (Licht oder Wärme geeigneter Wellenlänge) unter Verwendung von Farbstoff (Chlorophyll) absorbiert.

Im zweiten Schritt wird die elektromagnetische Energie in chemische umgewandelt. Das Licht dient dazu, die Elektronen des Wassers in einen energiereicheren Zustand zu versetzen und Wasser zu spalten. Die Elektronen werden auf den chemischen Reaktionspartner z. B. dem energiearmen Kohlendioxid übertragen und es werden energiereiche Moleküle (chemische Energie) gebildet.

Im dritten und letzten Schritt wird die chemische Energie zur Synthese organischer Verbindungen verwendet, die Lebewesen sowohl für das Wachstum als auch für den Energiestoffwechsel dienen. In dieser Phase kommen die Mitochondrien ins Spiel, die intern Adenosintriphosphat (ATP) synthetisieren. ATP ist der universelle Energieträger in jeder Zelle und gleichzeitig ein wichtiger Regulator von energieliefernden Prozessen.

Die Photosynthese verläuft dann besonders effizient, wenn im ersten Prozessschritt die Absorption des Lichts durch Abstimmung der Pigmentmoleküle (Chlorophylle) untereinander optimiert ist. Für die Spaltung eines Wassermoleküls im zweiten Schritt wird die Energie von vier Anregungen der Pigmentmoleküle benötigt.

Es ist festgestellt worden, dass **die Anregungen der Pigmentmoleküle bei Meeresalgen bei Zimmertemperatur in einer Weise kohärent auftreten, die nicht durch Wechselwirkungen der klassischen Physik zu erklären sind**. Die beobachtete hohe Effizienz der Photosynthese kommt offensichtlich durch quantenmechanische Verschränkung zustande.

Welche Schlussfolgerungen können daraus gezogen werden? Ein induktiver Schluss vom Besonderen aufs Allgemeine wäre gewiss falsch. Um zu einwandfreien Schlussfolgerungen zu kommen, ist es nötig herauszufinden, was an den biologischen Vorgängen in den Zellen der Meeresalge ganz allgemeine Prozesse repräsentiert. Dann wären deduktive Schlüsse auf Prozesse der gleichen Art bei anderen Lebewesen erlaubt.

Meiner Meinung nach ist die hohe Effizienz der Photosynthese nicht ausschließlich auf Meeresalgen beschränkt. Photosynthese kommt generell bei Pflanzen, aber auch bei Bakterien (z.B. Cyanobakterien) vor. Darüber hinaus hat man sogar wie bereits weiter oben besprochen, eine Meeresschnecke gefunden, die Elysia timida, die Photosynthese durch inkorporierte Plastide nutzt. Soweit es sich in all diesen Fällen um die gleiche Art der Photosynthese handelt, wie bei der untersuchten Meeresalge, kann man mit gutem Gewissen schlussfolgern, dass quantenmechanische Verschränkung für eine hohe Effizienz bei der Photosynthese sorgt.

Schwieriger sind Schlussfolgerungen auf Prozesse, die nicht direkt etwas mit Photosynthese zu tun haben. Hier muss man erst die komplexe Photosynthese auf einfachere Prozesse und auf ihre Eigenschaften reduzieren. Eine der Eigenschaften der Photosynthese ist deren hohe Effizienz, die nicht durch die klassische Physik erklärt werden kann. Weitere Eigenschaften sind die Absorption von Licht durch bestimmte Moleküle und die Möglichkeit, durch **kohärente Anregungen von Molekülen** biologische Prozesse zu initiieren oder zu optimieren. Wenn eine Menge solcher Eigenschaften maßgeblich für die bei der Photosynthese vorkommende quantenmechanische Verschränkung ist, dann sind die Eigenschaften nicht das Besondere, was Meeresalgen von anderen biologischen Entitäten unterscheidet, sondern etwas Allgemeines, das auf quantenmechanische Verschränkung hinweist.

Findet man Eigenschaften der gleichen Art bei anderen biologischen Prozessen, dann darf man auch hier wieder ohne Bauchschmerzen die Schlussfolgerung auf das Wirken der Verschränkung ziehen.

Lässt sich aus dem Bekannten schließen, dass womöglich in der Erbsubstanz DNA quantenmechanische Verschränkung für eine hohe Effizienz der DNA-Replikation sorgt?

Pflanzen und Algen verfügen über DNA in ihren Photosynthese betreibenden Organellen. Im Mitochondrium, einem von einer Doppelmembran umschlossenes Zellorganell, gibt es eine weitere, extrachromosomale DNA. Experimentell ist auch bekannt, dass DNA irgendwie Licht absorbieren kann.

Am Anfang des Replikationsprozesses wird erst die doppelsträngige DNA mit Hilfe des Enzyms Helikase aufgespalten. Allerdings müssen die Bindungskräfte zwischen den Einzelsträngen überwunden werden. Dies geschieht erst ab einer bestimmten Temperatur, dem sogenannten Schmelzpunkt. Es liegt nahe davon auszugehen, das absorbierte Licht diene dazu, den Schmelzpunkt zu erreichen, während die Helikase den Prozess der Aufspaltung steuert, denn chemische Energie wird zur Erreichung des Schmelzpunktes nicht benötigt. Und gerade in Photosynthese betreibenden Zellen steht elektromagnetische Energie zur Verfügung und wird sogar mit Hilfe quantenmechanischer Korrelation gebündelt und transportiert.

Zum Zweck der Replikation werden jeweils **kurze DNA-Abschnitte** nach ihrem Vorbild synthetisiert. Zum Abschluss der Replikation **verknüpft** das Enzym Ligase die neuen DNA-Abschnitte zu einem einzigen neuen Strang. Insgesamt handelt es sich um einen komplexen Produktionsprozess, bei dem sehr viel schief gehen kann, wenn nicht Teilprozesse quantenmechanisch miteinander abgestimmt sind, also verschränkt sind.

Wie man an den Formulierungen schon sieht, wissen wir derzeit nicht mit letzter Sicherheit, ob quantenmechanische Verschränkung bei der DNA-Replikation wirkt. Wir können es daher nur vermuten. Unter der Voraussetzung, dass die DNA-Replikase von einer klassisch nicht erklärbaren hohen Effizienz des Prozesses begleitet ist und dass nur kohärente Anregungen der an den Prozessen beteiligten Moleküle den Gesamtprozess optimieren können, stimmt unsere Vermutung mit hoher Wahrscheinlichkeit.

Die Frage, ob elektromagnetische Energie (Licht) auch in den Mitochondrien verwertet wird, lässt sich nach dem vorher gesagten beantworten. Wenn Licht bei der DNA-Replikation verwertet wird, und ich gehe davon aus, dass es so ist, dann wird auch Licht in den Mitochondrien verwertet, denn Mitochondrien enthalten DNA.

Was uns Elysia timida über die Evolution und sogar über Bewusstsein verraten kann, werde ich später darlegen (siehe Kapitel 3.2).

@@@

Schnecken klauen nicht nur Chloroplasten,

sondern können Korallen und den Seeanemonen auch die Nesselkapseln entwenden. Der daumengroße Tintenfisch Euprymna scolopes verleibt sich Bakterien der Art Aliivibrio fischeri ein, die leuchten können. In seinem speziellen Leuchtorgan züchtet das Weichtier die Bakterien regelrecht heran und verteilt sie über feine Kanäle in der Haut über seine gesamte Körperoberfläche.

Mehr unter:

http://www.tagesspiegel.de/wissen/diebische-tiere-be-
waffnete-schnecken-und-leuchtende-
tintenfische/10188290.html

@ KDS:

… wie Photosynthese quantenassoziiert funktionieren könnte, haben Sie sehr einleuchtend erklärt. Ich bin davon überzeugt, dass sich quantenmechanische Verschränkung auch auf DNA-Ebene wird nachweisen lassen.

Im Haeckel'schen Sinne handelt es sich dabei grundsätzlich um einen Entwicklungsprozess. Von daher müssen bei allen Erklärungsversuchen auch evolutionäre Komponenten berücksichtigt werden:

Ein Tintenfisch verleibt sich leuchtende Bakterien ein und leuchtet dann bedarfsgerecht später selbst. Wie machen es eigentlich Lebewesen, die in ständiger Dunkelheit, beispielsweise in der Tiefsee leben?

@@@

> ***Effiziente Solarenergieumwandlung durch Quantenkohärenz bei der Photosynthese***
>
> *(Originaltitel: E. Romero et al.: Quantum coherence in photosynthesis for efficient solar-energy conversion.)*
>
> *Die Photosynthese ist der grundlegende Prozess, der das Licht der Sonne mit dem Leben auf der Erde verbindet. Neue Messungen zeigen nun im Detail, wie die kohärente Kombination von elektronischer Anregung und molekularen Vibrationszuständen zur effizienten und schnellen Ladungstrennung führen kann, die für die weiteren Schritte der Photosynthese wichtig ist.*
>
> *Quelle:*
>
> *E. Romero et al.: Quantum coherence in photosynthesis for efficient solar-energy conversion, Nat. Phys., online 13. Juli 2014; DOI: 10.1038/nphys3017*

@ NW:

… ich kann jetzt die hohe Effizienz der Photosynthese bei Pflanzen nach Quantengesichtspunkten recht gut erklären: Damit es zu einer Wechselwirkung zwischen einem Photon und einem an ein Atom oder Molekül gebundenes Elektron kommen kann, muss das Photon einen größeren diskreten (oder gleichen) Energiebetrag haben, als das Elektron benötigt, um sein Energieniveau auf ein höheres zu heben. Solche Wechselwirkungen sind die Voraussetzung für die ersten zwei Schritte der Photosynthese. Aber die meisten auf Antennenmolekülen bzw. Pigmentmolekülen des Chlorophylls ankommenden Photonen haben einen geringeren Energiebetrag als benötigt wird. Was geschieht mit diesen? Erhöhen diese Photonen nur die kinetische Energie der Molekülbewegung?

Die Antwort und geniale Lösung der Natur lag mir immer vor den Augen, jetzt ist sie mir aufgegangen. Um die Elektronen für die chemische Reaktion zu aktivieren, müssen die Antennenmoleküle/Pigmentmoleküle die Energie von wenigstens vier Photonen absorbieren. Wären diese Pigmentmoleküle nicht quantenmechanisch verschränkt, würden die einzeln auftreffenden Photonen geringerer Energie nur kinetische Energie für die Molekülbewegung liefern, sonst nichts. Verschränkung bedeutet aber, dass sich die Moleküle im verschränkten Zustand wie eine Einheit verhalten. Die Energiebeträge der ankommenden Photonen werden addiert und zwar solange bis die Energie ausreicht, um in Wechselwirkung mit einem Elektron zu treten.

Die **Verschränkung von Bio-Molekülen** scheint mir deshalb ein **universales Prinzip der Natur** zu sein: Überall dort, wo die Natur Photonen einfängt, findet sich dieses Prinzip mit dem Ziel, deren Energie zu sammeln und für chemische Prozesse zu verwenden. Denn nur durch die Bündelung über eine Verschränkung der Antennenmoleküle werden die notwendigen diskreten Energiebeträge erreicht.

@@@

> *Quantum entanglement in photosynthetic light-harvesting complexes.*
>
> *Light-harvesting components of photosynthetic organisms are complex, coupled, many-body quantum systems, in which electronic coherence has recently been shown to survive for relatively long timescales, despite the decohering effects of their environments.*
>
> *Mehr unter:*
> http://www.nature.com/nphys/journal/v6/n6/full/nphys1652.html

@ KDS:

... das **Verschränkungsprinzip von Bio-Molekülen** zur Gewinnung von Energie, um essenzielle Lebensprozesse zu steuern, etwa die Förderung von Wachstum bei Pflanzen ist sehr plausibel. Zugleich wird aber auch deutlich, wie Bose-Einstein-Kondensate[33] auch bei Zimmertemperatur zustande kommen. Was Sie zuletzt als universelles Prinzip entwickelt haben, konnten Forscher inzwischen experimentell bestätigen:

So haben Fleming und seine Kollegen[34] den Lichtsammelkomplex des grünen Schwefelbakteriums Chlorobium tepidum untersucht. Das Bakterium nimmt Photonen mit seinen lichtsammelnden **Chlorosom**[35]**-Antennen** auf und leitet die dabei frei werdende Anregungsenergie in elektronischer Form zu einem Reaktionszentrum weiter, wo dann die eigentliche Photosynthese stattfindet. Der Energietransport von der Antenne zum Reaktionszentrum verläuft dabei durch den sogenannten Fenna-Matthews-Olson- oder **FMO-Komplex**, der aus drei gleichen Proteinen mit jeweils sieben Bakteriochlorophyll-Molekülen oder **Chromophoren**[36] besteht.

In seinem natürlichen Lebensraum fällt auf das Bakterium nur sehr wenig Licht, so dass es die Photosynthese bei sehr geringer Lichtintensität durchführen muss. Daher braucht ein FMO-Komplex immer nur einzelne Anregungen weiterzuleiten, die dabei von einem Chromophor zum anderen springen. Da diese Moleküle unterschiedlich große Abstände voneinander haben, sind sie auch unterschiedlich stark mit-

---

33 **Bose-Einstein-Kondensate** sind makroskopische Quantenobjekte, bei denen der Aufenthaltsort der einzelnen Bosonen nicht auf eine Position konzentriert ist. Daraus resultiert die Eigenschaft der Supraleitung.

34 http://www.cchem.berkeley.edu/grfgrp/

35 Als **Chlorosomen** werden intrazelluläre Organellen von Photosynthese betreibenden grünen Schwefelbakterien bezeichnet.

36 Als **Chromophor** bezeichnet man denjenigen Teil eines Farbstoffs der für Farbigkeit sorgt.

einander gekoppelt. Besonders stark ist die Kopplung zwischen unmittelbar benachbarten Chromophoren, die ein Dimer[37] bilden.

Die Forscher in Berkeley haben die Vorgänge im FMO-Komplex so realistisch wie möglich nachgestellt. In das Modell gingen die schon früher gemessenen Anregungsenergien der Chromophoren und ihre energetischen Kopplungen ein. Demnach nahmen zwei benachbarte Chromophoren (1 und 6), die ein Dimer bildeten, die von den lichtsammelnden Antennen kommende Energie auf und gaben sie weiter. Das Modell berücksichtigte zudem, dass eine Anregung auch von den Chromophoren auf das sie tragende Protein überwechseln und dadurch für die Photosynthese verloren gehen konnte.

Zu Beginn der Simulationen, die sowohl für tiefe (77 K), als auch für hohe (300 K) Temperaturen durchgeführt wurden, wurde das Chromophor 1 oder 6 angeregt. Alle anderen Chromophoren waren zunächst nicht angeregt. Die Simulationen ergaben, dass innerhalb von weniger als 100 fs (Femto-Sekunden) alle sieben Chromophoren in einen **verschränkten Quantenzustand** übergingen, so dass sich keines von ihnen mehr in einem eindeutigen Zustand befand. Dabei waren die Bakteriochlorophyll-Moleküle über eine Entfernung von 2,8 nm (Nano-Meter) hinweg quantenmechanisch verschränkt. Die Anregung konnte auf jedem der Chromophoren sitzen. Wo sie tatsächlich war, blieb unbestimmt.

Der verschränkte Zustand erwies sich als relativ langlebig. Bei tiefer Temperatur hielt die Verschränkung etwa 5 Ps (Penta-Sekunden) lang an, bei hoher Temperatur immerhin 2 ps (Piko-Sekunden). Diese Zeitspanne ist lang genug, um die vorhergesagte Verschränkung durch Femtosekunden-

---

37 Ein **Dimer** ist ein Molekül oder ein Molekülverbund, der aus zwei oft identischen Untereinheiten besteht.

spektroskopie nachweisen zu können.

Ob es allerdings auch gelingt, den verschränkten Nicht-gleichgewichtszustand durch Zustandstomographie detailliert zu vermessen, wie man das mit verschränkten Gleich-gewichtszuständen z. B. von Atomen gemacht hat, ist noch offen. Dieser zuletzt genannte Aspekt ist deswegen hoch-interessant für die Frage, wie ein Zustand fern des thermo-dynamischen Gleichgewichts so aufrechterhalten werden kann, wie er notwendig ist, um zu "leben".

Wie in *"Wrobel/Sedlacek: Quantenstaub"* (S. 31 ff) aus-geführt, gibt es ganz offensichtlich eine evidente Universal-eigenschaft des Photons: Informations- und Energielieferant und Materie-Generator. Sie haben zudem weiter oben sehr gut beschrieben, wie es durch eine chemische Reaktion mit Beteiligung der Elektronen zu einem Wachstum der Pflanze (= Materiegenerierung) kommt. Parallel wird durch die Bereitstellung von ATP in den Mitochondrien ein energie-liefernder biochemischer Prozess in Gang gesetzt, wodurch die Lebenserhaltung fern des thermodynamischen Gleich-gewichts reguliert wird. Elementare Information via Ver-schränkung sorgt für die Bereitstellung von geborgter Energie aus dem metrikfreien Vakuum, um diesen Lebensprozess überhaupt in Gang zu setzen.

In Pflanzen scheinen ganz offensichtlich die Chloroplasten (Plastiden) die Antennenfunktion übernommen zu haben.

In der Nanotechnologie werden Nanotubes[38] als Spinfilter eingesetzt. Elektronen können so in Quantenpunkten[39] beein-flusst werden. Damit könnte, so scheint es, die Plastiden-funktion der Pflanze nanotechnisch sogar „imitiert" werden.

---

38 Eine **Nanotube** ist ein länglicher Hohlkörper mit einem Durchmesser von weniger als 100 Nanometern. Gut untersucht sind Kohlenstoffnanotubes.

39 Ein **Quantenpunkt** ist eine nanoskopische Materialstruktur, meist aus Halbleitermaterial. Ladungsträger in einem Quantenpunkt sind in ihrer Beweglichkeit so weit eingeschränkt, dass ihre Energie nur diskrete Werte annehmen kann. Form, Größe oder die Anzahl von Elektronen in Quantenpunkten kann beeinflusst werden.

2.5 Zusammenhang zwischen Gravitation, Verschränkung und Lebensprozessen

@ NW:

… da wir in unserem Dialog die Lebensprozesse unter quantenphysikalischen Aspekten betrachten, kommen wir nicht umhin, uns noch einmal mit der Gravitation zu beschäftigen. Leider existiert keine schlüssige Quantentheorie der Gravitation. Doch ich habe eine interessante Ergänzung für unseren Dialog und zum Büchlein *"Wrobel/Sedlacek: Leben aus Quantenstaub"* gefunden. Auf einer Seite im Internet[40] finden sich zahlreiche Links zu PDF-Texten, die überwiegend von Karl Otto Greulich verfasst worden sind. Greulich hat eine Theorie aufgestellt, die mir sehr plausibel scheint.

Er sagt, **alle Elementarteilchen sind aus Elektronen entstanden**.

Das hat er sehr gut begründet und wegen Ockhams Rasiermesser (eines der wichtigsten Prinzipien für die Aufstellung von wissenschaftlichen Theorien!) neige ich dazu, die doch sehr komplizierte Standardtheorie der Elementarteilchen, die aus interessengeleiteten Gründen durch die Mainstream-Physik am Leben erhalten wird, eher zu verwerfen. Greulichs Theorie passt sehr gut zu dem, was wir besprochen haben: Wir hatten uns nämlich vorgestellt, dass Elementarteilchen aus Photonen entstehen oder entstanden sind.[41]

Aufgrund ihrer Größe und des damit zusammenhängenden Energiebedarfs erschien es uns eher unwahrscheinlich, dass die Elementarteilchen direkt durch Fluktuation aus dem metrik-

---

40 Siehe http://www.fli-leibniz.de/www_kog/research/physics/physics.html

41 vgl. Zeit-Artikel vom 17.10.1997
    http://www.slac.stanford.edu/exp/e144/diezeit.jpg

freiem Vakuum entstanden sein können. Doch nun lässt sich für den Entstehungsprozess von Elementarteilchen ein Zwischenschritt mit Berücksichtigung von Elektronen einführen:

Fluktuation/Dekohärenz -> Photonen -> Elektronen -> Proton, Neutron usw. -> ...

Darüber hinaus hat Greulich herausgefunden, dass sich jede Gravitation in Form einer elektrischen Kraft ausdrücken lässt. Das bedeutet:

Schwerkraft ist wohl nichts anderes als eine Form der elektromagnetischen Kraft.

Die bisher unverstandene Gravitation ließe sich auf einmal ganz einfach erklären. Ich denke, das wird auch zu einer Ergänzung meines Büchleins *"Sedlacek: Supervereinigung"* führen: Ich werde in Greulichs Formeln die Masse durch äquivalente Information ersetzen.

Die Folgen sind weitreichend. Mit dem von Greulich gefundenen Zusammenhang könnte man nämlich auch erklären, was den Elementarteilchen Masse verleiht. Das „Gottesteilchen" genannte Higgs-Boson wäre zur Erklärung der Masse genauso überflüssig, wie der Teilchenbeschleuniger am CERN. Leider ist es den Mainstream-Physikern lieber, immer wieder neue Teilchen zu erfinden: Es sollen zwischenzeitlich sogar schon fünf verschiedene Higgs-Bosonen nachgewiesen worden sein. Sicher werden die Theoretiker noch Jahre beschäftigt sein, um eine dafür passende Theorie zu finden.

Bedauerlicherweise kann ein Außenstehender nicht mehr nachvollziehen, was eingeweihte Physik-Spezialisten einer interessierten Öffentlichkeit präsentieren. So bleibt nur die Möglichkeit, an die vorgelegten Forschungsergebnisse der Elementarteilchenphysik wie an eine Religion zu glauben - oder auch nicht. Glücklicherweise hat die Elementarteilchenphysik so gut wie keinen Einfluss auf die Quantenphysik und man kann deshalb die Ergebnisse des Mainstreams zum Thema Higgs-Boson und der unvollständigen Standardtheorie der Elementarteilchen beruhigt ad acta legen.

@@@

Kräfte aus dem Nichts

Zu den bekanntesten „Kräften aus dem Nichts" zählt die Kraft, die beim 1958 experimentell erstmals bestätigten Casimir-Effekts[42] auftritt. Vorhergesagt hat diesen Effekt der niederländische Physiker Hendrik Casimir 1948. Der russische Physiker Jewgeni Lifschitz hat Casimirs Berechnungen schon in den 1950er Jahren auf allgemeinere Fälle erweitert. Er konnte auch zeigen, dass die Casimir-Kraft nicht nur anziehend, sondern auch abstoßend wirken kann. Das hängt vor allem von den Eigenschaften des Materials ab. Diese Vorhersage wurde 2009 experimentell verifiziert. Sie könnte sich, so hoffen Forscher, nutzen lassen, um Objekte reibungslos schweben zu lassen.

Mehr unter:
http://www.heise.de/tp/artikel/42/42230/1.html

@ KDS:

... wenn nach Greulichs Ansicht Gravitation als eine elektromagnetische Kraft aufgefasst werden kann, stellt sich die Frage, wie, wer oder was vermittelt die besondere Interaktion zwischen dem metrikfreiem Vakuum und der 4-dim-Welt? Prinzipiell kann dafür eine ganze Klasse elektromagnetischer Wellen unterschiedlicher Wellenlänge, wie Mikrowellen oder Röntgenstrahlung infrage kommen.

---

42 Der **Casimir-Effekt** ist ein quantenphysikalischer Effekt, der bewirkt, dass auf zwei parallele, leitfähige Platten im Vakuum eine Kraft wirkt, die beide zusammendrückt.

Beim Casmir-Experiment werden zwei dünne Metallplatten in einer technisch hergestellten Vakuumumgebung sehr eng und berührungsfrei aneinander gestellt. Es kann beobachtet und gemessen werden, wie die Platten sich durch angreifende Kräfte aufeinander zu bewegen. Woher stammen diese her? Ist es nicht naheliegend, ihren Ursprung im metrikfreien Vakuum zu sehen? Die Kräfte könnten durch eine elektromagnetische Gravitationswirkung verursacht sein. Sollte beim Casimir-Experiment herausgefunden werden, bei welcher Wellenlänge die Kräfte mit einem elektromagnetischen Gravitationsphänomen in Verbindung gebracht werden könnten, wäre eine weitere Zuordnung möglich. Allerdings scheint es noch keine Vorstellung darüber zu geben, was Gravitation überhaupt ist.[43]

Dass es Gravitationswellen geben könnte, wie von Einstein propagiert und später durch einen indirekten Nachweis durch Entdeckung eines neuen Pulsartypus durch die Astronomen Joseph H. Taylor und Russell A. Hulse von der Universität Princeton (New Jersey) bestätigt werden konnte, scheint mir eher eine Bestätigung der allgemeinen Relativitätstheorie zu sein. Demnach wäre Gravitation eine Eigenschaft der Raum-Zeit-Geometrie.[44]

Realitätsnäher zu unserem Dialog sind die Überlegungen von De Broglie (1929), der, analog zum Photonen-Doppelspaltexperiment, Quanteneigenschaften auch Elektronen zugeordnet hat[45], was 1959 durch einen Doppelspaltversuch durch Jönnsen experimentell bestätigt werden konnte.[46]

Insgesamt entsteht bei mir ein Bild, wonach Gravitation tatsächlich als eine Art elektromagnetische Kraft aufgefasst werden könnte, deren Vermittlung aus naheliegenden

43 http://www.3sat.de/page/?source=/nano/glossar/grundkraefte.html

44 http://www.spektrum.de/alias/dachzeile/nobelpreis-fuer-physik-
    indirekter-nachweis-von-gravitationswellen/821271

45 http://de.m.wikipedia.org/wiki/Materiewelle

46 http://de.m.wikipedia.org/wiki/Claus_Jönsson

Gründen Photonen, die aus dem metrikfreien Vakuum durch Fluktuation bzw. Dekohärenz entstanden sind, zuzuordnen ist.

Gravitation wäre demnach **von einer der universellen Eigenschaften des Photons erzeugt**, da Photonen nach unserer Überzeugung Raum und Zeit entstehen lassen[47] und Gravitation auch als eine Eigenschaft der Raum-Zeit-Geometrie aufgefasst werden kann.

Im kosmologischen Kontext würde in Analogie Gravitation durch Photonen erzeugt und zusammen mit der Hintergrundstrahlung im Mikrowellenbereich verbreitet.

Nun haben Sie weiter oben ausgeführt:

> *„... Greulich hat herausgefunden, dass sich jede Gravitation in Form einer elektrischen Kraft ausdrücken lässt.*
>
> *Das bedeutet, die Schwerkraft ist wohl nichts anderes als eine Form der elektromagnetischen Kraft. Die bisher unverstandene Gravitation ließe sich auf einmal ganz einfach erklären."*

In Greulichs Formeln müsste nur die Masse durch äquivalente Information ersetzt werden.

Mit diesen gesammelten Überlegungen wird die Sache nun wirklich rund: Bei der Fluktuation/Dekohärenz "wirkt" sicher die kleinste Einheit, nämlich das Planck'sche Wirkungsquantum eines Photons mit ganz unterschiedlichen Eigenschaften als

- **Materiegenerator** via Wechselwirkung mit Elektronen: Materie wird aufgebaut

- eine Form von elektromagnetischen Kräften, um **strukturbildende Gravitationskräfte zu erzeugen**

---

47 Vgl. Wrobel/Sedlacek: *Leben aus Quantenstaub*, S. 43 f.

- **Energielieferant:** Das Lebendige wird am Leben gehalten.

Entscheidende Grundgröße kann nur die elementare Information sein, die im metrikfreien Vakuum eingeprägt ist bzw. dort gespeichert wird (vgl. *„Wrobel/Sedlacek: Quantenstaub"*, S. 116).

@@@

@ NW:

… sehr interessanter Artikel! Wie Sie richtig sagen, wird die Sache wohl rund. Casimir-Kräfte in Verbindung mit Greulichs Formeln könnten weiter Licht ins Dunkle werfen: Möglicherweise sind wir tatsächlich dem Wesen der Gravitation auf der Spur. Werde weiter darüber nachdenken …

@@@

Kritischer Casimir-Effekt in kolloidalen Modellsystemen (Promotionsarbeit)

Sowohl der Zustand als auch die physikalischen Eigenschaften der Materie hängen unmittelbar von der Art und Weise ab, in der ihre Bausteine miteinander interagieren. Im Bereich der weichen Materie, zu dem auch kolloidale Suspensionen zählen, existieren diverse Wechselwirkungen. Viele dieser Wechselwirkungen lassen sich bis zu einem gewissen Grad steuern.

Die kritische Casimir-Wechselwirkung ist eine Wechselwirkung, die in binären kritischen Mischungen induziert werden kann und extrem sensitiv sowohl von der Temperatur der Probe als auch von der Beschaffenheit der wechselwirkenden Oberflächen abhängt.

Kolloidale Systeme können als anisotrop strukturierte kolloidale Teilchen, die sogenannten Janus-Teilchen, aufgefasst werden. Die chemische Strukturierung der Ober-

> flächen erlaubt eine Generierung von richtungsabhängigen Wechselwirkungen im System, die in der Nähe des kritischen Punktes des Lösungsmittels induziert werden können. Durch die Anisotropie der Wechselwirkung wird in solchen Systemen **im Prozess der Selbstorganisation**[48] **eine Ausbildung von geordneten Strukturen** hoher Komplexität erwartet.
>
> Mehr unter:
> http://d-nb.info/1022562460/34

@ KDS:

… wenn ich Sie richtig verstanden habe, wollen Sie mit der elementaren Information eine verständliche Theorie zu dem Gravitationsbegriff wie folgt entwerfen:

> *"... berechne mit den Formeln, die man in einem allgemeinen Physikbuch für Naturwissenschaftler und Ingenieure findet, die Gravitationskraft zwischen zwei freien, nichtpolaren Atomen/Molekülen. Anschließend die resultierende elektrostatische Anziehungskraft zwischen den beiden Atomen/Molekülen unter der Voraussetzung eines induzierten Dipolmoments bei beiden Atomen/Molekülen.*
>
> *Wenn die unterschiedlichen Kräfte (Gravitationskraft und elektrostatische Anziehungskraft) unter den genannten Voraussetzungen gleich oder zumindest in der gleichen Größenordnung sind, dann wäre eine Theorie für die Gravitationskraft gefunden ... ".*

Zu einer vollständigen Theorie gehört auch, diese

---

48 Als **Selbstorganisation** werden die von einem System ausgehenden steuernden und ordnenden Elemente und Prozesse bezeichnet, die diesem selbst Form geben, es gestalten oder beschränken, ohne dass erkennbare äußere steuernde Elemente vorliegen.

experimentell zu verifizieren bzw. zu falsifizieren. Es scheint so zu sein, dass Gravitation etwas zu tun haben könnte mit elektromagnetischen Kräften. Woher diese Kräfte stammen und wie sie normiert bzw. quantifizierbar gemacht werden könnten, ist bisher nicht geklärt.

Während des Casimir-Versuchs können sich dünne Metall-platten in einer Vakuum-Umgebung aneinander zu bewegen, wie bei einer Anziehung. Es ist zulässig, die durch Quanten-effekte entstehenden Kräfte der technisch erzeugten Vakuumumgebung zuzuordnen. Es stellt sich die Frage, ob die beschriebenen Effekte allein nur bei Metallplatten auf-treten? Offensichtlich nicht, denn inzwischen lassen sich diese Effekte bei allen möglichen Formen bzw. Materialien nachweisen, in der mir vorliegenden Promotionsarbeit auch bei kolloiden Systemen.

Insbesondere bei den Experimenten mit den dünnen Metallplatten drängt sich aber der Verdacht auf, es könnte sich um eine Massenanziehung i.S. eines Gravitationseffektes handeln. Wenn dem so wäre, können die dafür erforderlichen Kräfte nur dem Vakuum entstammen. Halten Sie das für möglich? Wäre der Casimir-Effekt ein experimenteller Beleg Ihrer Theorie der Gravitation aus elementarer Information?

In der vorliegenden Promotions-Arbeit wird ausblickend be-richtet, Casimir-Effekte könnten auch bei Kohlenstoff-Nanotubes technisch nutzbar gemacht werden. Sofort drängt sich ein Vergleich mit biologischen Formen, wie den Menschen, auf.

Wie wir inzwischen wissen, kann der Mensch als ein **makroskopisches Quanten-Objekt** und als eine strukturelle Raum-Zeit-Konstruktion der 4-dim-Welt aufgefasst werden. Es finden permanent bewusstseinsgetriebene Wechsel-wirkungen mit dem metrikfreiem Vakuum statt. Obwohl eigentlich im quantenphysikalischen Sinne "hohl", präsentiert sich seine kondensierte Materie als ein stabiles Gebilde.

Woher sonst stammen die Kräfte her, die so etwas gewährleisten können, wenn nicht aus dem metrikfreien Vakuum?

@@@

@ NW:

… Sie haben eine sehr interessante Promotionsarbeit gefunden. Ich befürchte aber, sie kann in Zusammenhang mit Gravitation aus folgendem Grund nicht weiterhelfen: Die Casimirkraft ist eine Kraft, die in unmittelbarer Umgebung einer Abschirmung entsteht. Direkt zwischen den Metallplatten, die beim Casimir-Experiment eingesetzt werden, können nicht alle Wellenlängen (via Photonen) existent sein, wie es aber außerhalb der Platten prinzipiell möglich wäre. Die Photonen außerhalb der Platten erzeugen deshalb einen größeren Druck auf die Metallplatten, als die dazwischen gelegenen.

Je weiter die Metallplatten voneinander entfernt werden, desto weniger gilt das Beschriebene. Dann nämlich können so gut wie alle Wellenlängen auch zwischen den Metallplatten existieren.

Für die Wirkweise der Casimirkraft in Flüssigkeitsmischungen nah eines kritischen Punktes gilt Analoges. Die Wirkung ist eng begrenzt auf den Bereich der Flüssigkeit.

Gravitation ist hingegen eine Kraft, die über riesige Entfernungen wirkt. Wenn man Gravitation weder klassisch, noch mit der allgemeinen Relativitätstheorie, die ja auch eine klassische Theorie ist, beschreiben möchte, dann bleibt als Möglichkeit, Gravitation als eine Art elektrostatische Kraftwirkung aufzufassen. Warum?

Für eine elektrostatische Kraftwirkung gilt grundsätzlich das gleiche Abstandsgesetz wie für Gravitation. Zwar lag schon immer der Verdacht nahe, Gravitation und elektrostatische Kraftwirkung seien im Grunde genommen das Gleiche, klassisch ließ sich das aber nicht begründen. Möglich wäre es jedoch auf der Quantenebene. Genau daran habe ich gearbeitet: Kann also zwischen den elektrostatischen Kräften aus induzierten Dipolmomenten und Gravitation ein Zusammenhang hergestellt werden?

Leider nein, denn durch meine Berechnungen ließ sich ein solcher Zusammenhang nicht bestätigen.

Elektrostatische Wechselwirkungen entstehen durch Interaktion **unbewegter** elektrischer Ladungen. Ich habe deshalb eine Überschlagsrechnung mit dem Ziel angestellt, eine Kraftwirkung ähnlich der Gravitationskraft zwischen dem elektrostatischen Feld der Erde und dem induzierten elektrostatischen Feld einer Bleikugel zu finden. Leider sind die Beträge beider Kraftwirkungen so unterschiedlich, dass eine Gleichheit praktisch ausgeschlossen ist, was ganz unmissverständlich bedeutet: **Gravitation kann keine auf bekannte Art induzierte elektrostatische Kraft sein!**

Andererseits kann Gravitation auch nicht durch allgemeine elektromagnetische Kräfte von **bewegten** Ladungen erzeugt werden. Denn wo es keine bewegten Ladungen gibt, kann Gravitation nicht das Ergebnis bekannter elektromagnetischer Kräfte sein.

Nun zu meiner neuen Idee: Alle Atome enthalten originär Elementarteilchen mit Spin (Drall, Drehimpuls): Elektronen, Protonen wie auch Neutronen haben einen Spin, aber auch Photonen. Wichtige Experimente zum Spin-Verhalten beruhen darauf, die Spin-Eigenschaft geladener Teilchen einem magnetischen Moment zuzuordnen.

Beim **Einstein-de-Haas-Effekt** versetzt die Richtungsänderung der Elektronenspins eines Eisenstabs diesen in eine makroskopische Drehbewegung. Im **Stern-Gerlach-Versuch** ermöglichte der Elektronenspin den ersten direkten Nachweis der Richtungsquantelung.

Die Effekte der magnetischen Kernspinresonanz bzw. Elektronenspinresonanz werden in Chemie, Biologie und Medizin zu detaillierten Untersuchungen von Materialien, Geweben und Prozessen genutzt. Das magnetische Moment *m* (auch **magnetisches Dipolmoment**) ist in der Physik ein Maß für die Stärke eines magnetischen Dipols. Zu jedem magnetischen Dipol gehört ein magnetisches Feld. Das bedeutet, auch nichtmagnetische Stoffe bzw. Körper müssen ein, wenn auch sehr schwaches, magnetisches Feld erzeugen.

Betrachten wir nun den Stern-Gerlach-Versuch im Detail:

Ein Strahl von (elektrisch neutralen) Silberatomen durchwandert in einer Vakuumumgebung den Spalt zwischen den Polschuhen eines Magneten. Der eine Polschuh hat die Form einer zum Strahl parallelen Schneide, der andere die einer flachen Rinne; das Magnetfeld ist dadurch in Richtung quer zum Strahl stark inhomogen. Auf einer Glasplatte schlägt sich das Silber nieder. Es werden zwei voneinander getrennte Flecke gefunden, das heißt, das Magnetfeld spaltet den Strahl in zwei getrennte Teilstrahlen auf.

Mein Kommentar: Obwohl Silber kein Material wie beispielsweise ferromagnetischer Stahl ist, wird es von einem Magnetfeld beeinflusst.

Wenn alle Körper schwache magnetische Felder erzeugen (magnetische Dipolmomente), dann könnte das, was wir als Gravitationskraft ansehen, eine Wechselwirkung der magnetischen Dipolmomente der Stoffe bzw. Körper sein. Es wäre dann sogar möglich, die Ausrichtung der Dipolmomente zweier verschiedener Körper durch Vermittlung verschränkter Photonen anzunehmen, derart, dass sich die Körper grundsätzlich anziehen. Photonen haben wohl einen Spin, der ein magnetisches Moment besitzt.

Unter zusätzlicher Berücksichtigung meiner Theorie, dass

Raum und Zeit (Raumzeit) von Photonen erzeugt wird[49] und Einsteins genialer Leistung, Gravitation als eine Eigenschaft der Raumgeometrie darzustellen, ließe sich mit dem vorher gesagten eine Theorie entwerfen, welche die Gravitation als eine Art (elektro-)magnetischer Kraftwirkung beschreibt, die ebenfalls von Photonen erzeugt wird.

Und dadurch, dass ein Photon als die aus dem metrikfreien Vakuum kondensierte Information angesehen werden kann, haben wir eine Erklärung für einen möglichen Zusammenhang von Gravitation und Lebensprozessen gefunden, wenn man davon ausgeht, dass Lebensprozesse eng mit Photonen verbunden sind. Bestätigt wird die letzte Annahme durch Experimente, die in einem späteren Kapitel (4.5) beschrieben werden. Spekulativ kann ich sogar noch einen Schritt weitergehen und sagen, dass Gravitation möglicherweise durch **verschränkte** Photonen vermittelt wird.

Wenn ich allerdings daran denke, dass Albert Einstein mehr als zehn seiner besten Jahre gebraucht hat, um über die Feldgleichungen der allgemeinen Relativitätstheorie die Gravitation mathematisch mit der Raumzeit-Geometrie zu verknüpfen, dann möchte ich mir in meiner dritten Lebensaltersstufe dann doch versagen, eine mathematische Modellierung der neuen Idee auszuarbeiten. Ich denke hier müssen jetzt Jüngere die Aufgabe übernehmen.

@@@

@ KDS:

… in einem Internet-Video[50] über das quantenmechanische Phänomen der Verschränkung wird einiges von dem gezeigt, was sie beschrieben haben. Interessanterweise wird dabei der Stern-Gerlach-Versuch mit magnetischen Dipolen mit

49 Vgl..Sedlacek, *Supervereinigung*, (2010), S. 47
50 *http://youtu.be/IVbsnEeVNWo*

Eigenschaften der von Elektronen bzw. Photonen verglichen. Ich bin davon überzeugt, dass das "Magnetische" der elektromagnetischen Welle eines Photons die Kraft ausbilden, die allen Quanten-Objekten eine Struktur gibt, nämlich die Gravitationskraft.

2.6 Energetischer Zusammenhalt durch Tunneleffekte

@ KDS:

... wir haben das Experiment von Nimtz[51] als Beispiel eines gelungenen Tunneleffektes (vgl. *Wrobel/Sedlacek: Quantenstaub,* S.19) herangezogen: Mozarts Symphonie war in der verbotenen Zone zwar verrauscht, aber immerhin hörbar gewesen. Nehmen wir in Analogie an, durch die kosmische Hintergrundstrahlung im Mikrowellenbereich passiert genau das Gleiche wie im Experiment von Nimtz, aber diesmal im Zusammenhang mit der Entwicklung unserer 4-dim-Welt. Gehen wir weiter davon aus, es sind Photonen, die in der verbotenen Zone als solche in Erscheinung treten. Dann könnte daraus geschlossen werden, dass nur die Photonen in unserer 4-dim-Welt in Erscheinung treten, die in der Lage waren, die Potenzialbarriere zu überwinden. Unterliegt nun die Überwindung der Potenzialbarriere durch Photonen einem reinen Zufall oder müssen besondere Eigenschaften vorliegen, beispielsweise das Vorhandensein einer spezifischen Wellenlänge oder eine andere Besonderheit, etwa ein Anlass

---

51 **Nimtz** ist ein deutscher Physiker (*1936), der vor allem durch seine Versuche zum überlichtschnellen Tunneln bekannt geworden ist. 1994 führte er zusammen mit Horst Aichmann ein spektakuläres Experiment durch, bei dem Mikrowellen die 40. Sinfonie von Mozart aufgeprägt wurde. Diese Musiksignale auf Mikrowellen wurden durch eine Barriere im Hohlleiter übertragen. Dabei stellte sich heraus, dass sich die Musik auf der Mikrowelle moduliert 4,7-mal schneller ausbreitete als Licht im Vakuum (Überlichtgeschwindigkeit).

oder eine Anforderung, um die Barriere überwinden zu können?

Wie wir annehmen (vgl. *Wrobel/Sedlacek: Quantenstaub*, S. 10), gelten Photonen als die ursprünglichen Bausteine der 4-dim-Welt. Durch einen informationsverarbeitenden Prozess wird instantan eine materiehaltige Wirklichkeit erzeugt.

Prinzipiell kämen für die Überwindung einer Potenzialbarriere, die unsere Wirklichkeit vom metrikfreien Vakuum trennt, alle Möglichkeiten – reiner Zufall, eine spezielle Wellenlänge oder eine Wechselwirkung - in Betracht. Wahrscheinlich wird aber ein voneinander abhängiger Prozess in Gang gesetzt: Einerseits unterliegen Fluktuation und Dekohärenz einem objektiven und nicht beeinflussbaren Zufall, dem reinen Zufall. Dass andererseits Photonen mit einer Wellenlänge von 300 mm bis 1 mm (Mikrowelle) bevorzugt im Universum auftreten, ist durch die beobachtbare und damit messbare kosmische Hintergrundstrahlung belegt.

Es bleibt noch die Frage, ob es einen Anlass oder eine Anforderung geben kann, die es den Photonen gezielt erlaubt, die Potenzialbarriere zu überwinden, um Wirklichkeit zu erzeugen?

Möglich ist die Überwindung von so einer Potenzialbarriere mit Hilfe eines informationsverarbeitenden Prozesses, der prinzipiell von allen Quanten-Objekten der 4-dim-Welt ausgelöst werden kann, insbesondere dann, **wenn er die Kriterien von elementarem Bewusstsein** erfüllt.

Könnten in diesem Kontext nicht **Tunneleffekte und Dekohärenz als das universelle Prinzip, das Materie kondensieren und zusammenhalten lässt, bei allem Organischem und Anorganischem angenommen werden?**

Die Erfüllung der Kriterien für elementares Bewusstsein[52] lässt sich prinzipiell bei allen vom reinen Zufall abhängigen Quanten-Prozessen bestätigen, also auch beim Tunneln, und

---

52 Siehe S. 66

zwar bei allem Lebendigen und Toten. Was Haeckel betrifft, sind deshalb die Unterschiede von seinen zu unseren Vorstellungen gar nicht so groß (vgl. Kapitel 2.1), besonders wenn ich mir folgende Zitate betrachte:

> *... Eigenschaften des Organischen auch bei Anorganischem zukommt und damit Gemeingut aller Naturkörper und in letzter Konsequenz auch der Atome wird*

> *... jedes Atom eine inhärente Summe von Kraft besitzt und in diesem Sinne „beseelt" ist*

> *... ohne die Annahme einer „Atom-Seele" die Erscheinungen der Chemie bzw. Physik, wie Anziehung und Abstoßung oder Bewegung der Atome i.S. von Empfindung und Willen, unerklärlich sind.*

Zusammengefasst stellt sich mir in diesem Kontext wieder die grundsätzliche Frage „Was ist Leben?" und vor allem, wie ist es entstanden?

@@@

Quantentunneln als Ursprung der Evolution des Lebens

(Originaltitel: Quantum Tunnelling to the Origin and Evolution of Life)

Quantum tunnelling is a phenomenon which becomes relevant at the nanoscale and below. It is a paradox from the classical point of view as it enables elementary particles and atoms to permeate an energetic barrier without the need for sufficient energy to overcome it.. This review shows that quantum tunnelling has many highly important implications to the field of molecular and biological evolution, prebiotic chemistry and astrobiology.

Quelle:
Current Organic Chemistry, 2013, 17, 1758-1770. Quantum Tunnelling to the Origin and Evolution of Life. Frank Trixler, Center for NanoScience (CeNS), Ludwig-Maximilians-Universität München, Schellingstraße 4, 80799 München, Germany

@ NW:

… Tunneleffekt ist eine veranschaulichende Bezeichnung dafür, dass ein atomares Teilchen (z.B. Elektron oder Proton) einen Raumbereich (korrekt: Potenzialbarriere von endlicher Höhe) selbst dann überwinden kann, wenn seine Energie dazu nicht ausreicht. In Wirklichkeit haben atomare Teilchen auch Wellencharakter und sind mehr oder weniger überall gleichzeitig[53]. Man beschreibt sie quantenphysikalisch über ihre Aufenthaltswahrscheinlichkeit. Durch diese können sie in Bereichen zu finden sein, für die ihre Energie eigentlich gar nicht ausreicht. Aber Elektronen oder Protonen und andere Teilchen können sich Energie aus dem metrikfreien Vakuum ausborgen.

Die ausgeborgte Energie muss allerdings nach kurzer Zeit zurückgezahlt werden. Der Tunneleffekt bedeutet für die Teilchen, dass sie außerhalb der Atome oder Moleküle gefunden werden können. Wenn sich Protonen oder Elektronen einmal außerhalb des Raumbereichs eines Atoms befinden (d.h. die Potenzialbarriere überwunden haben), brauchen sie die geborgte Energie nicht mehr.

1926/1927 hat Friedrich Hund den Effekt zuerst bei isomeren Molekülen entdeckt und beschrieben. In der Biologie wurde in der heutigen Zeit nachgewiesen, dass das Auftreten von **Protonen-Tunneln** in der DNA mitverantwortlich für spontane

---

53 Vgl. http://idw-online.de/de/news593979 - „Kasseler Physiker weisen nach: Elektron gleichzeitig an zwei verschiedenen Orten" vom 30.06.2014

Mutationen ist.[54]

Protonen-Tunneln ist genauso wie das Elektronen-Tunneln, das zu zahlreichen technischen Anwendungen geführt hat, ein **genereller quantenphysikalischer Effekt**, der sicher nicht nur bei speziellen DNA-Strukturen auftritt, sondern überall in der Biologie, wo es ähnliche Strukturen gibt, also auch bei Plasmonen (= extrachromosomale Anteil des Genoms). Die Quantenmechanik sagt uns zudem, dass Protonentunneln sogar bei **allen** Atomen, also überall vorkommt, wenn auch bei den meisten Atomen in nur sehr geringer Häufigkeit.

----

54 Per-Olov Löwdin: Proton Tunneling in DNA and its Biological Implications. In: Reviews of Modern Physics. 35, Nr. 3, 1963, S. 724–732, doi:10.1103/RevModPhys.35.724

3. Der Unterschied des Lebendigen zum Toten

3.1 Bewusstsein als Voraussetzung für die Evolution des Lebens

Was ist Leben?

Erwin Schrödinger:

*"... Die Ähnlichkeit [zwischen Uhrwerk und Organismus] beruht ganz einfach darin, dass der Organismus ebenfalls in einem festen Körper verankert ist – dem aperiodischen Kristall, der die Erbsubstanz bildet und **der Unordnung aus Wärmebewegung weitgehend entzogen** ist.*

... Die kennzeichnendsten Wesensmerkmale [des Unterschieds] sind: erstens die merkwürdige Verteilung der »Zahnräder« in einem vielzelligen Organismus, und zweitens die Tatsache, dass das einzelne Zahnrad nicht ein plumpes Menschenwerk ist, sondern das feinste Meisterstück, das jemals nach den Leitprinzipien von Gottes Quantenmechanik vollendet wurde".

Mehr unter:
http://online-media.uni-marburg.de/biologie/genetik/boelker/Wissenschaft/Erwin%20Schroedinger_Was%20ist%20Leben.pdf

@ KDS:

... Schrödinger war ein Pionier in Sachen DNA-Codierung. Er lieferte die Ideen für Watson und Crick, die dann später die DNA-Doppelhelix gefunden und dafür den Nobelpreis erhalten haben.

Bekanntermaßen repräsentieren große Teile der chromosomalen DNA **statistische Information**. Diese Art der Information ist nach unserer Sprach- und Denkweise (vgl. *Wrobel/Sedlacek: Quantenstaub*, Tabelle Informationsarten, S. 61) nicht äquivalent zu Materie oder Energie und kann daher nicht von sich aus existieren, sondern benötigt einen materiellen oder energetischen Träger. Wir gehen davon aus, dass sich unsere 4-dim-Welt aus dem metrikfreiem Vakuum bildet. Mit eingeschlossen in diese Aussage sind gleichermaßen organische, wie auch anorganische Substanzen. In einer 4-dim Quantenwelt sind diese Substanzen als Quanten-Objekte aufzufassen, die durch spezifische Wechselwirkungen, etwa durch Tunnel-Effekte oder durch Verschränkung - letztendlich aber durch elementare Information - Energie aus dem metrikfreiem Vakuum beziehen oder borgen und so eine materiehaltige Wirklichkeit erzeugen können. Realisiert wird dieser Vorgang über informationsverarbeitende Prozesse, was allerdings die Existenz einer elementaren Art von Bewusstsein[55] voraussetzt, das jedem Quanten-Objekt zu eigen sein müsste.

Wie kann man sich nun die Entwicklung aus einer chromosomalen DNA bis hin zu einem fertigen Leben vorstellen?

Archaeen beispielsweise leben tief in der Erde, ohne eine Chance, jemals über Licht Energie zur Aufrechterhaltung des Lebens oder zu Reproduktion zu beziehen. Ähnlich ergeht es den **Tiefseelebewesen** wie auch **Höhlenfischen**, die allesamt Möglichkeiten gefunden haben, in einer sonst lebensfeindlichen Umgebung zu leben. Sie alle müssen gleichermaßen auf etwas zurückgreifen können, was Ihnen die Existenz dort ermöglicht.

Letztendlich ist das Gemeinsame aller drei aufgeführten Species darauf ausgerichtet, sich "zielgerichtet zu verhalten", hier mit der ganz eindeutigen Absicht, in einer sonst lebensfeindlichen Umgebung leben zu wollen. Sie müssen irgendwie

---

55 Zum Begriff „Bewusstsein" siehe auch Kasten auf S. 66

Gefühlsregungen (lt. Dawkins)[56] aufbringen, die zu ihrem zielgerichteten Verhalten führen. Dieses Verhalten muss nicht unbedingt objektiv "vernünftig" sein, sondern kann schlicht auch subjektiv eingefärbt sein. Für dieses Verhalten werden körperliche Ressourcen bereitgestellt, die für einen bestimmten Zweck aktiviert sind im Sinne von nicht determinierten Entscheidungen zwischen Handlungsalternativen. "Gefühlsregungen" implizieren jedoch eine subjektive oder phänomenale Sichtweise des Bewusstseins. Objektiv argumentiert bietet es sich an, den Begriff „Bedürfnis" zu verwenden als eine „Neigung, ein bestimmtes Ziel zu verfolgen": In der Gesamtheit handelt es sich um ein **„zielgerichtetes Verhalten zur Befriedigung von Bedürfnissen"**, um wie im gewählten Beispiel, in einer ursprünglich lebensfeindlichen Umgebung **leben zu wollen**.

Wenn wir Bewusstsein als Entität von einem intentionalen Standpunkt aus betrachten und beschreiben, dann muss das spezifische "Verhalten" Teil des Bewusstseinsbegriffes sein: Es ist „Die (gedankliche) Vorwegnahme von Handlungsschritten zur Erreichung eines Ziels".

Im Sinne einer Planung: Bei neuen Anforderungen oder geänderten äußeren Umständen müssen nicht determinierte Entscheidungen zwischen Handlungsalternativen getroffen werden. Wären die Entscheidungen bei gleichwertigen Handlungsalternativen eindeutig vorhersehbar, also determiniert, läge das Gegenteil von Bewusstsein, nämlich etwas Automatisiertes vor (vgl. *Sedlacek: Widerhall*, S. 154 ff).

Wir können nun bei den drei oben genannten Species davon ausgehen, dass sie eine Art Bewusstsein haben müssen, um überhaupt und in lebensfeindlicher Umgebung leben zu können. Die Energie, die sie zum Leben und zur Reproduktion beziehen, werden sie durch einen

---

56 **„Gefühlsregungen** sind Zustände, in denen – wenn auch nur vorübergend – alle körperlichen Ressourcen für einen bestimmten Zweck aktiviert sind und in denen sich die Aufmerksamkeit […] ganz speziell auf dieses Ziel richtet" – Dawkins (1994), S.212

informationsverarbeitenden Prozess auslösen, der unter Einbeziehung des metrikfreien Vakuums dann Energie zum Überleben bereitstellt. Bewusstsein scheint aber nicht exklusiv tierischem Lebens vorbehalten zu sein, sondern bezieht auf Quantenebene gleichermaßen organische, wie auch anorganische Substanz ein.

Die "Atomistische Theorie des Bewusstseins" bzw. die „Zell-Psychologie" (*Haeckel: Weltwunder*) oder das Verhalten der Photonen während des Doppelspaltversuches unterstützt ganz ausdrücklich die Vorstellung des Vorhandenseins eines allen Quanten-Objekten zuordenbaren „Quantenbewusstseins":

Max Planck äußerte die gleiche Ansicht[57]:

> *„Es ist ein bewusster Geist, der die Kraft aufbringt, Atomteilchen in Schwingung zu versetzen und die Materie zusammenzuhalten".*

Bewusstsein ist etwas Elementares. Es bringt Materie, Raum, Zeit und auch Leben hervor.

Was wir sonst als Evolution bezeichnen, kommt erst danach. Sie kann als eine langsame, kontinuierlich fortschreitende Entwicklung aufgefasst werden. In der Biologie ist die Evolution die stammesgeschichtliche Entwicklung der Organismen, beginnend mit den ersten auftretenden Lebewesen bis hin zu den hoch entwickelten Arten, wie beispielsweise dem Menschen. Demgegenüber wird die kosmologische Evolution für die Expansion und Entwicklung des Weltalls nach dem Urknall (im klassisch-physikalischen Sinn) bezeichnet. Mit zunehmender Erkenntnis, wie elementare Prozesse Wirkung erzeugen, kann inzwischen auch von einer **Evolution des Bewusstseins** (*Wrobel/Sedlacek: Quantenstaub*, S. 89, und *Görnitz/Görnitz: Die Evolution des Geistigen*) gesprochen werden.

Ganz erstaunlich ist die Einfachheit der erkennbaren

---

57 Planck: *Physik und Transzendenz*

Steuerungsmechanismen in der **biologischen Evolution**: Die in Genen codierten, vererbbaren Merkmale (= statistische Information) einer Population verändern sich durch den evolutionären Prozess von Generation zu Generation. Dieser lässt sich auf lediglich drei Prinzipien zurückführen, die iterativ immer wieder durchlaufen werden:

In einem ungerichteten Zufallsprozess (= Mutation) entstehen unterschiedliche Varianten aus etwas Vorhandenem oder etwas völlig **Neues**.

Das zweite Prinzip ist die Koppelung von Merkmalen zweier erfolgreicher Individuen einer Population (= Rekombination) zu etwas **Neuem** oder Besseren nach dem Zufallsprinzip.

Die Selektion schließlich bewertet die Ergebnisse der Rekombination und **wählt aus** oder bevorzugt anhand aktueller Umweltbedingungen. Der Prozess bekommt insofern eine **Zielrichtung**, als dass jene Individuen, deren Merkmale weniger vorteilhaft bezogen auf die Umweltbedingungen sind, geringere Überlebenschancen haben (*Sedlacek: Widerhall,* S. 121ff).

Nach unserer Sprach- und Denkweise entsteht Selektion also durch Informationsverarbeitung der daran beteiligten Quantenobjekte. Zusammenfassend repräsentieren demnach

- Elementare Information

- Fluktuation (=reiner Zufall) und Dekohärenz

- Bewusstsein

- Evolution

die Zutaten für die Entstehung alles Lebendigen.

Ausgehend von der Einheit der Natur kann eine allgemeine Gültigkeit des eben beschriebenen Prinzips angenommen werden. Die uns bekannte Quantenwelt hat sich demnach evolutionär weiterentwickelt.

Durch informationsverarbeitende Prozesse wird etwas

Abstraktes mit der faktischen physikalischer Realität verknüpft und lässt in jedem Moment materiehaltige Wirklichkeit entstehen.

In der 4-dimensionalen Welt, in der wir in Form einer Raum-Zeit-Konstruktion (= Körper) leben, reicht die Vorstellungskraft wenigstens ansatzweise aus, "Leben" zu verstehen. Hingegen ist es deutlich schwieriger, sich kosmologische Evolution und informationsverarbeitende Prozesse alles „toten" Anorganischen vorzustellen.

@@@

Begriffe

- **Bewusstsein** ist …

  … ein **informationsverarbeitender Prozess**, …
  … in dem bei neuen Anforderungen oder geänderten äußeren Umständen **nicht determinierte Entscheidungen** zwischen Handlungsalternativen getroffen werden, …
  … die zu **zielgerichtetem Verhalten** zur **Befriedigung von Bedürfnissen** führen.

- Ein **Bedürfnis** ist die Neigung ein Ziel zu verfolgen.

- **Selbstbewusstsein** ist eine höhere Bewusstseinsform, die bei Menschen oder u.a. auch bei Bonobos vorgefunden wird.

- **Primärbewusstsein** ist bei Lebewesen ein informationsverarbeitender Prozess unterhalb der Stufe des Selbstbewusstseins, bei dem die Kriterien für Bewusstsein erfüllt sind. Unter anderem zählt das Unterwusstsein zum Primärbewusstsein.

> • **Elementarbewusstsein** ist eine elementare Bewusstseinsform, welche die Kriterien für Bewusstsein erfüllt und die bei Quanten, Elementarteilchen oder „toter" Materie vorgefunden werden kann.

@@@

@ NW:

… wie Sie gehe ich davon aus, dass informationsverarbeitende Prozesse, die wir als Bewusstsein erkannt haben, ganz wesentlich dafür verantwortlich sind, in einer sonst lebensfeindlichen Atmosphäre, etwa tief in einer Eishöhle, in Tiefseeschloten, Geysirquellen oder anderen extremen Lebensräumen existieren zu können. Ohne die Hilfe eines Bewusstsein-Prozesses wäre es sicher nicht möglich, sich auf die äußeren Umstände einzustellen, die von Lebensraum zu Lebensraum extrem unterschiedlich und bestimmt auch nicht immer konstant sind, sondern Schwankungen unterliegen.

Es ist wohl tatsächlich so, dass die Mitglieder der Lebensgemeinschaft in ihren extremen Lebensräumen jeder für sich, und hinsichtlich ihrer eigenen Bedürfnisse nicht determinierte Entscheidungen treffen müssen, um am Leben zu bleiben und um sich replizieren zu können.

Nachdem offensichtlich die Kriterien für Bewusstsein erfüllt sind, kommen wir nicht umhin zu sagen, Bewusstseinprozesse sind wesentlich für den Fortbestand auch auf den untersten Stufen des Lebens.

Nun ist es aber so, dass wir in den Archaeen oder sonstigen Mikrolebewesen keine Art Gehirn und auch keinen Ort entdecken können, der speziell für die Informationsverarbeitung geeignet erscheint. Wir stehen wie beim Doppelspaltexperiment mit Quanten vor der Frage: **Wo genau finden die informationsverarbeitenden Prozesse denn statt**, wo genau ist ein Informationsspeicher zu finden, usw.?

Was die rein physischen Vorgänge wie Replikation betrifft, so mag die dazu nötige Information in der DNA gespeichert sein. Aber das **Erkennen von Änderungen der Umwelt** setzt die Speicherung eines früheren Umwelt-Zustands voraus. Denn ohne die Information über einen früheren Zustand erkennt man keine Änderung. Und wenn ein Lebewesen Änderungen seiner Umwelt nicht erkennt, kann es nicht darauf reagieren, kann keine Entscheidungen treffen, kann sich nicht anpassen. Ohne Anpassung geht es letztendlich zugrunde.

Offensichtlich haben die Mikrolebewesen es geschafft, sich über extrem lange Zeiträume in den extremsten Lebensräumen zu behaupten und anzupassen. Wo ist also die aktuelle Information über die Umwelt gespeichert? Wo findet der zugehörige informationsverarbeitende Prozess statt?

An anderer Stelle haben wir schon einmal die gleiche Frage beantworten müssen und sind zu dem Schluss gekommen, dass das metrikfreie Vakuum, also das Nichts, der Ort ist, wo etwas gespeichert wird, wo auch zumindest ein Teil der informationsverarbeitenden Prozesse stattfindet (vgl. *Wrobel/Sedlacek: Quantenstaub*). Ebenso haben wir festgestellt, dass in Zellen und in der DNA quantenphysikalische Prozesse einschließlich der Verschränkung **generell** eine Rolle spielen. Das kann bei den Mikrolebewesen und Archaeen in Extremorten nicht anders sein.

Die Archaeen, die am Beginn der Nahrungskette einer Lebensgemeinschaft stehen, sammeln wahrscheinlich die Energie, die sie zum Leben benötigen, mit Hilfe quantenmechanischer Verschränkungsprozesse aus Photonen, die auch in dunklen und extremen Lebensräumen vorkommen. Das geschieht wohl ähnlich der Photosynthese bei der Meeresalge, die ebenfalls quantenmechanische Verschränkungsprozesse nutzt. Die Verschränkungsprozesse selbst werden benötigt, um energieschwache Photonen solange zu sammeln, bis die

Energiemenge ausreicht, um biochemische Prozesse in Gang zu setzen.

Die dafür benötigten Bewusstseinsprozesse müssen wohl zum erheblichen Teil im metrikfreien Vakuum stattfinden. Ohne eine ständige Verbindung zum Nichts, wie wir das metrikfreie Vakuum auch genannt haben, funktioniert deshalb überhaupt nichts bei Mikrolebewesen: keine Ernährung, keine Replikation, keine Anpassung an sich ändernde Umweltbedingungen, kein Lebenserhalt.

3.2 Zeigt die Meeresschnecke Elysia timida Bewusstsein?

@ NW:

… ich möchte nun zum Thema Bewusstsein die bereits angekündigten Gedanken aufgreifen, auf die ich gekommen bin, als ich mich mit den Elysia-Schnecken (vgl. Kapitel 2.4) beschäftigt habe:

Was verrät uns die Meeresschnecke Elysia timida über Evolution und Bewusstsein?

Die Meeresschnecke Elysia timida hat einen Weg gefunden, sich die Photosynthese von Algen nutzbar zu machen. Wie ist das möglich? Als Naturwissenschaftler gehen wir davon aus, dass sich alle komplexen biologischen Systeme durch evolutionäre Prozesse gebildet haben.

Ein Evolutionsprozess besteht aus drei Schritten, die ich noch mal kurz charakterisieren möchte: Zuerst entsteht **Neues**, möglicherweise noch nie Dagewesenes. Im zweiten Schritt wird das Neue **mit Vorhandenem kombiniert** und zur Auswahl dargeboten. Im dritten und letzten Schritt wird eine **Auswahl** unter dem Dargebotenen getroffen. Die Auswahl kann passiv durch Wechselwirkungen mit der Umwelt geschehen oder aktiv unter

Abb. 4: Eine typische Schlundsackschnecke, hier: "Oxynoe olivacea"; Foto CC-BY-SA 2.5 Regiomontanus

Berücksichtigung der individuellen Neigung, bestimmte Ziele zu verfolgen (= **Bedürfnisse**).

Schlundsackschnecken, zu denen Elysia timida gehört, ernähren sich fast ausschließlich von Algen. Das Verdauungsorgan der Schnecke zerkleinert und zerlegt die gefressenen Algen. Neu ist wohl (siehe Schritt 1 der Evolution), dass die Schnecke und speziell ihr Darm zwischen verschiedenen Zellbestandteilen der zerlegten Algen unterscheiden kann. Über welche biochemischen Funktionen oder Rezeptoren das möglich ist, mag ich als Fachfremder nicht spekulieren. Die Schnecke verfügt ganz offensichtlich über die Möglichkeit, selektiv bestimmte Zellbestandteile zu verdauen, oder auch nicht, obwohl sich die einzelnen Bestandteile nicht prinzipiell unterscheiden und andere Meeresschnecken ungeachtet der unterschiedlichen Algenbestandteile die komplette Alge verdauen.

Für den zweiten Schritt des Evolutionsprozesses ergeben sich daraus folgende Kombinationen: a. alle Zellbestandteile verdauen, b. Chloroplasten verdauen, c. alles verdauen außer Chloroplasten.

Im dritten Schritt des Evolutionsprozesses kommt es zu einer Auswahl unter den drei dargebotenen Möglichkeiten. Bei einer **passiven Auswahl** durch die Umwelt bleibt entweder alles beim Alten (Kombination a) oder das Neue ist im Regelfall von entscheidendem Vorteil für Lebenserhalt und Fortpflanzung. Bei einer **aktiven Auswahl** können Bedürfnisse die Wahl bestimmen und es kann b oder c zum Tragen kommen.

Die Biologen gehen davon aus, dass die Elysia-Schnecken in Hungerphasen Energie von den Chloroplasten beziehen, die im Darm weiterhin Photosynthese betreiben. Ein Experiment zeigte allerdings, dass die Schnecken auch ohne Photosynthese der Chloroplasten überleben. Nach zwei Monaten im Dunkeln waren die Schnecken so lebendig wie zuvor. Jetzt vermuten die Forscher, die Schnecke profitiert nicht unbedingt sofort von den Chloroplasten, sondern erst dann, wenn die Darmzellen diese in Hungerphasen abbauen.

Für eine passive Auswahl durch die Umwelt im dritten Schritt der Evolution spricht, dass man aus dem Vorhandensein der Chloroplasten im Darm einen geringfügigen Vorteil für den Lebenserhalt ableiten kann. Doch ist dieser Vorteil entscheidend?

Gegen das Wirken eines passiven Prozesses spricht das Erkennen des Unterschieds verschiedener Zellbestandteile der Algen durch die Schnecke selbst bzw. durch ihre Darmzellen. Es gibt also etwas, was sich auf unterschiedliche Anforderungen einstellen kann.

Was die Auswahl im Evolutionsprozess betrifft, so ist die Wahl der Evolution auf Kombination c gefallen, alles wird verdaut außer den Chloroplasten. Allerdings hat die Schnecke anscheinend die Möglichkeit, in Hungerphasen die Kombination b zu wählen, nämlich die Chloroplasten zu verdauen. **Es existiert**

eine nicht determinierte Entscheidungsmöglichkeit zwischen Handlungsalternativen.

Wenn man zudem davon ausgeht, dass die Schnecke das ganz einfache Bedürfnis hat, sich ihr Leben etwas komfortabler zu gestalten, indem sie die Chloroplasten Sauerstoff und Zucker produzieren lässt, dann sind alle Kriterien für den informationsverarbeitenden Prozess erfüllt, den ich in meinen Werken als Bewusstsein bezeichnet habe.

Der gleiche Bewusstseinsprozess, der Entscheidungen trifft, wann die Chloroplasten Sauerstoff und Zucker produzieren sollen und wann sie zu verdauen sind, hat auch beim dritten Evolutionsschritt die aktive Auswahl durchgeführt.

Sicher handelt es sich nicht um einen hoch entwickelten Bewusstseinsprozess wie das Selbst- oder Oberbewusstsein beim Menschen. Es ist eher ein dem Unterbewusstsein vergleichbarer Prozess. Beim Menschen führt das Unterbewusstsein viele Entscheidungen und körperliche Steuerungen durch. Nur das Wichtigste wird zur Entscheidung dem Oberbewusstsein zugeführt. Und was das Wichtigste ist, das entscheidet ebenfalls das Unterbewusstsein.

Die Elysia-Schnecke zeigt uns mit hoher Wahrscheinlichkeit, dass einfache Bewusstseinsprozesse selbst auf ihrer nicht allzu hohen Entwicklungsstufe wirken.

Es ist sogar anzunehmen, dass eine einfache Art von Bewusstseinsprozessen ab Anbeginn der Evolution beim Aufstieg des Lebens mitgewirkt hat. Denn als reine Zufallsprozesse und ohne aktive Auswahl ist die Entstehung von Eiweißmolekülen, DNA, Archaeen, Eukaryonten, Mitochondrien oder Plastide mehr als unwahrscheinlich.

Übrigens: Mit dem was hinter dem Stichwort "Autokatalyse" steckt, hoffe ich, die Entstehung des Lebens besser verstehen zu können. Autokatalytische Bildung von Molekülen ist wohl der Anfang der Entstehung von Leben.

3.3 Über die Entstehung des Leben

> **Die Entstehung des Lebens**
>
> *Vorstellungen der Wissenschaft über die Entstehung des Lebens im Laufe der Geschichte: Urzeugung – Henne-Ei-Problem – wer hat wen erschaffen? - was ist Leben? - Ursuppe – vorläufige Lösungen …*
>
> *Mehr unter:*
> http://www.biobytes.de/sommerkurs/Lebensentstehung.pdf

@ KDS:

… Stuart Kauffmann[58] hat darauf verwiesen, dass in einer hinreichend komplexen Umgebung, also in einem Bereich mit genügend vielen verschiedenen Molekülen, ein Herausformen von autokatalytischen Kreisprozessen unvermeidbar wird. In solchen Zyklen katalysieren Komponenten des Prozesses die Herausbildung von anderen, die wiederum weitere katalysieren, bis schließlich auch die Bildung der ersterwähnten katalytisch unterstützt wird.

Autokatalytische Prozesse können sich in einer geeigneten Umgebung spontan ausbilden, wenn nur der energetische und materielle Antrieb ausreichend ist. Dadurch wird gesichert, dass die sich bildende Organisation erhalten bleiben und die entstehende Entropie in die Umgebung abgeführt werden kann, was jedoch nur in einem offenen System möglich ist. Zufällige Variablen oder Rauschen, als Ausdruck eines objektiven Zufalls weisen bei der Lebensentstehung auf einen quantenkorrelierten Prozess hin, weswegen angenommen werden kann, **Leben** beruhe vor allem auf **Quantenprozessen**.

Manfred Eigen hingegen favorisiert autokatalytische ver-

---

58 Kauffman: *Der Öltropfen im Wasser;* http://www.spiegel.de/spiegel/print/d-68525308.html

koppelte Prozesse (Hyperzyklus)[59], aus denen eine hierarchische Ordnung gefunden werden kann. Einfachere Kreisprozesse können in umfassenderen, größeren Zyklen eingebaut sein. Schließlich können sich aus den daraus entwickelnden Einzellern Organellen mit einem spezifischen Aufgabenbereich herausbilden, beispielsweise Mitochondrien, die als Kraftwerke wirken. In Ribosomen werden die Proteine und synthetisiert, die als Bauelemente und Katalysatoren wirken. Die DNA hingegen firmiert als Datenspeicher.[60]

Zweifelsohne ist die **Lebensentstehung** als ein hochkomplexer Vorgang aufzufassen, der etliche Zutaten benötigt, um ein robustes Ausbilden von Leben zu ermöglichen. Es ist wie schon erwähnt, anzunehmen, dass dabei **Quantenprozesse notwendigerweise Wirkung entfalten müssen**, wie etwa die Quantenverschränkung bei der Photosynthese, die zum Leben der Pflanze beiträgt.

@@@

@ NW:

… ich möchte nun versuchen, eine Antwort auf Ihre Frage zu geben, wie Quanteneffekte bei pflanzlichen Eukaryonten realisiert werden: Grundsätzlich ist es so, dass in der Biologie ein komplexes, vielschichtiges System besteht. In der Physik, speziell der Quantenphysik, hat man es dagegen mit relativ einfachen Systemen zu tun, für die es meist sogar mathematische Modellvorstellungen gibt, um das Verhalten voraussagen zu können.

In der Mikrobiologie hingegen fehlen eher mathematische Modelle mit der Konsequenz, dass das Verhalten mikrobiologischer Systeme aus früheren Beobachtungen und Experimenten abgeleitet werden muss. Ich denke aber, man weiß nicht von allen Komponenten dieser Systeme, was genau sie tun.

---

59 Manfred Eigen, Peter Schuster: The Hypercycle – A Principle of Natural Self-Organization. Springer, Berlin 1979.

60 Görnitz/Görnitz: *Kreativer Kosmos - Entstehung von Leben*

Auch die kleinsten mikrobiologischen Systeme sind im Vergleich zu den Quantensystemen der physikalischen Experimente immer noch riesig. Um eine Verbindung zwischen den beiden Bereichen (Quantenphysik und Mikrobiologie) zu finden, brauchen wir zuerst die Kenntnis darüber, aus welchen Komponenten das zu betrachtende mikrobiologische System besteht.

Dann müssen wir möglichst genau in Erfahrung bringen, welche Funktionen bzw. Aufgaben (Prozesse) die einzelnen Komponenten erfüllen. Und erst als Letztes können wir quantenphysikalische Objekte und Prozesse mit den biologischen Komponenten und Funktionen in Korrelation bringen.

Hauptsächlich werden es **Photonen** sein, aber auch **Protonen**, **Quantenverschränkungen** und **Bewusstseinsprozesse**, die mit mikrobiologischen Komponenten in Wechselwirkung treten. Hinzu kommt noch bei der Entstehung des Lebens der **Evolution**sprozess.

Sie haben außerdem selbst einen weiteren Mosaikstein geliefert, indem sie eine Verbindung zur **Autokatalyse** im Zusammenhang mit dem Beginn von Leben hergestellt haben.

@@@

Molekulare Grundlagen der Evolution (Schuster):

„Kann man die Wahrscheinlichkeit der Lebensentstehung abschätzen? ...

... Die natürliche Entstehung der Arten und die daraus resultierenden phylogenetischen Stammbäume wurden durch die Vergleiche der genetischen Informationsträger heute lebender Organismen voll bestätigt."

Mehr unter:
http://www.tbi.univie.ac.at/~pks/Presentation/duesseldorf-07.pdf

---

@ KDS:

… in Sachen Autokatalyse besteht Einigkeit über deren Existenz als Voraussetzung dafür, „lebendig" zu werden. Eigens Hyperzyklus geht davon aus, dass eine Einzelkatalyse nicht ausreicht, um zu einer Kettenbildung zu kommen. Jede Katalyse liefert immer Energie für eine nächste. Das System perpetuiert sich demnach irgendwie selbst. Erst wenn eine kritische Größe erreicht ist, dann entstehen „lebendige" Kettenmoleküle.[61]

Für ein autokatalytisches Molekül lässt sich die minimale Informationsmenge zur Entstehung „lebendiger Kettenmoleküle", also die minimale Komplexität des Aufbaus, abschätzen. Das haben Manfred Eigen und Peter Schuster getan. Ihre Untersuchungen basieren auf Experimenten mit den einfachsten konkreten selbstreproduktiven Molekülen, den sogenannten Phagen (Viren, die Bakterien befallen) und auf den mathematischen Interpretationen der Versuchsergebnisse.

Die ermittelte Größe dieser **minimalen Informationsmenge** führt zu einem Dilemma. Sie ist zu groß, als dass sie von einem einzigen autokatalytischen System von der schlichten Art, wie sie in der Frühphase der Lebensentstehung möglich war, hinreichend genau reproduziert werden konnte.

Ein Kinderspiel soll das Dilemma näher erläutern. Die "Stille Post" eignet sich hier zur Illustration:

Einige Kinder sitzen in einer Reihe nebeneinander. Das Kind am Anfang der Reihe denkt sich einen Satz aus und flüstert ihn dem neben ihm sitzenden Kind zu. Dieses gibt den Satz flüsternd an das nächste Kind weiter, und so durchläuft der Satz die ganze Reihe. Mit Spannung erwarten die Mitspieler, was aus dem anfänglichen Satz

---

61 http://www.chemie.de/lexikon/Chemische_Evolution.html

geworden ist, wenn er die "Stille Post" durchlaufen hat.

War der Satz lang oder kompliziert, enthielt er also viel Information, dann wird er in der Regel am Ende nicht mehr wiederzuerkennen sein. Die Information ging verloren. Ein kurzer oder nicht sonderlich komplizierter Satz hingegen, also einer mit nur geringem Informationsgehalt, wird ohne viel Verfälschung ankommen. Ja, es mag zuweilen geschehen, das ihn das letzte Kind verständlicher wiedergibt, als ihn das erste formuliert hatte.

Eigen hat nun für die Ur-Moleküle des Lebens eine Informationsmenge ermittelt, welche ein lebendes System sinnerhaltend reproduzieren muss, um die gesamte Maschinerie selbstreproduktiv zu erhalten. Und irgendwie scheint die Natur es geschafft zu haben, das **Dilemma zwischen der Mindestmenge an notwendiger Information und der maximal möglichen fehlerfreien Reproduktion** zu überwinden.

Der Trick war der **Hyperzyklus**: Mehrere selbstreproduktive Einheiten, von denen jede nur eine kleinere Informationsmenge zu übersetzen brauchte, die unterhalb des maximal Möglichen lag, haben miteinander kooperiert, um gemeinsam die Information zu reproduzieren, die für die Selbstreproduktion erforderlich war. Und diese Kooperation war zyklisch.

Was bedeutet das? Unser Beispiel von der "Stillen Post" muss zur Superpost erweitert werden, damit es für die Diskussion noch taugt. Das erste Kind flüstert seinen Satz nicht nur einem, sondern gleich **mehreren** Nachbarn zu, als der ersten Generation. Jedes dieser Kinder gibt seinerseits die Nachricht wieder an mehreren Nachbarn weiter, im Sinne einer zweiten Generation, und so fort.

Die Sache wird sogar noch komplizierter: Hat ein Kind den Satz in einer besonders verständlichen Form erhalten, dann gibt es ihn besonders **vielen** Nachbarn weiter, hat es jedoch eine weniger brauchbare Version bekommen, dann verliert es beim Weitergeben bald die Lust, weshalb von ihm nur **wenige** Kinder den Satz weitergesagt bekommen. Völlig sinnentstellte Sätze werden überhaupt nicht mehr weitergesagt.

Und damit die Zahl der Kinder nicht ins Unbegrenzte wächst, nimmt ein Spielleiter von jeder bereits informierten Generation einen bestimmten Prozentsatz von Kindern aus dem Spiel. So kann sich der Originalsatz auf eine Darwin'sche Art optimieren.

Schließlich bleiben fast nur noch ganz vorzügliche Versionen des Satzes übrig. **Die weniger guten sind „ausgestorben"**. Vorausgesetzt ist hier wie schon zuvor, dass der Originalsatz nicht mehr Information als die enthält, die der oben erwähnten Maximalmenge entspricht. Anderenfalls ginge er schon nach einigen Generationen hoffnungslos verloren[62]

Woher nimmt nun das System die Energie für einen Hyperzyklus zur Herstellung von Kettenmolekülen?

Weitgehende Einigkeit besteht darin, dass sich unter Energieeinwirkung und mit Hilfe von Katalysatoren komplexere organische Moleküle gebildet haben, die miteinander in Wechselwirkung getreten sind. Kooperation oder **Symbiose** hat es mit großer Wahrscheinlichkeit schon bei den präbiotischen Molekülen gegeben. Irgendwann liefen in diesen Gebilden stoffwechselähnliche Prozesse ab, und sie konnten sich vermehren. Sie zeigten also Kennzeichen des Lebendigen. Wahrscheinlich hat sich schon vorher eine Membran um diese bereits hochkomplexen Protolebewesen gebildet.

Unterschiedliche Vorstellungen existieren über die Herkunft der Energie für das Wachstum der Protolebewesen. Bei **heterotropher** Lebensweise hätten sie Energie durch die

---

62 http://www.zeit.de/1978/07/so-enstand-das-leben/seite-7

Aufnahme energiereicher organischer Moleküle aus ihrer Umwelt gewonnen (*De Duve: Ursprung des Lebens*).

Autotrophe Organismen beziehen ihre Energie entweder aus dem Licht durch photosynthetische Vorgänge oder aus Redoxreaktionen[63] während einer Chemosynthese.

Falls die ersten Lebewesen autotroph waren, dann konnte es nur eine Art von Chemosynthese gewesen sein (*Wächtershäuser: Theory of surface metabolism*). Für eine Photosynthese fehlten den Protolebewesen die notwendigen Pigmente bzw. hochkomplexen Moleküle zur Absorption von Licht.

Mehrere Auffassungen bestehen über die Reihenfolge der Entstehung von biotischen Molekülen, beispielsweise von Proteinen und RNA[64]. Ebenso gibt es verschiedene Hypothesen über die Art und Weise der katalytischen Vorgänge und darüber, ob und in welcher Weise es Hyperzyklen bei der Vervielfältigung von RNA gegeben hat. Verschiedene Aussagen bestehen weiterhin darüber, inwieweit der Zufall bei all den Prozessen eine Rolle gespielt hat, oder ob dem langwierigen Prozess der Entstehung des Lebens und der weiteren Entfaltung (Evolution) ein Determinismus oder eine Zielgerichtetheit (Teleonomie) innewohnt.[65]

Unabhängig von diesen Betrachtungen lassen sich Strukturen (z.B. Aminosäuresequenzen) homologer Proteine aus verschiedenen Organismen untereinander vergleichen, um den Verwandtschaftsgrad der Organismen besser verstehen zu können. Die Vorstellung war die, mit der Evolution der Organismen würde eine Evolution der sie aufbauenden Proteine einhergehen.

---

63 Eine **Redoxreaktion** ist eine chemische Reaktion, bei der ein Reaktionspartner Elektronen auf den anderen überträgt. Die Verbrennung ist eine Redoxreaktion mit Sauerstoff als Oxidationsmittel.

64 Ribonukleinsäure. Vom Aufbau her ist die RNA der DNA ähnlich. Sie wird in biologischen Zellen zur Proteinsynthese benötigt.

65 ftp://ftp.rz.uni-kiel.de/pub/ipn/SystemErde/08_Begleittext_oL.pdf

Heute ist bekannt, dass auch Proteine einem Selektionsdruck unterliegen. Nur die Evolutionsgeschwindigkeit der Proteine unterscheidet sich merklich von der Evolutionsgeschwindigkeit der Organismen, aus denen sie isoliert worden sind. Das beruht vor allem darauf, dass in der Umwelt der Organismen andere Selektionskriterien gelten als in der Umwelt der Proteine. Deren Umwelt ist der Zellinhalt, und dessen Zusammensetzung ist weitgehend konstant.

Die Evolution der Proteine hängt vornehmlich von den Eigenschaften des Genoms der Zelle ab. Es können daher nur solche Zellen überleben, deren Proteine sich in das Netzwerk des Stoffwechsels einfügen.[66]

Seit einigen Jahren ist auch bekannt, dass viele, wenn nicht die meisten Gene der Eukaryonten und der Archaeen aus Stücken bestehen, die im Genom durch nicht-codierende Abschnitte voneinander getrennt sind. Dieses Organisationsschema des genetischen Materials hat sich offensichtlich unter dem Selektionsdruck gehalten, weil es wohl darum ging möglichst schnell und vor allem verlustarm neue Proteine entstehen zu lassen.

Was zusammenfassend fehlt, ist eine genaue Vorstellung über die Energiebilanz des Hyperzyklus. Wenn wir davon ausgehen dürfen, es handele sich um ein geschlossenes System, dann müsste die Bilanz ausgeglichen sein. Allerdings erinnert der Hyperzyklus sehr an ein Perpetuum mobile.

Die mögliche Auflösung des Problems (vgl. *Wrobel/Sedlacek: Quantenstaub*, S. 112) hat ergeben, dass ein Energieüberschuss in der faktisch realen 4-dim-Welt dadurch entsteht, dass im metrikfreien Vakuum ein „Informationsdefizit" eingeprägt wird. Denn nur das Löschen von Information kostet Energie (vgl. Gedankenexperiment „Maxwells Dämon" in *Sedlacek: Widerhall*, S.100 ff.). Da aber der Informationsspeicher des metrikfreien Vakuums niemals gelöscht wird, bleibt der Energieüberschuss in der 4-dim-Welt

---

66 http://www.biologie.uni-hamburg.de/b-online/d42/42d.htm)

erhalten, und so formt sich dort eine materiehaltige Wirklichkeit.

Unter Berücksichtigung der Auflösung des Problems mit der Energiebilanz und unter Einbeziehung der Hintergründe zu unserem Informations- und Selektionsbegriff ergeben sich evidente Anhaltspunkte dafür, es handele sich bei einem Hyperzyklus um einen quantenassoziierten Prozess, über den Leben überhaupt erst ermöglicht wird.

3.4 Evolution als bewusster Selbst-organisationsprozess

Selbstorganisation (Synergetik)

Die Theorie der Selbstorganisation steht in der Tradition der allgemeinsten bisher bekannten Theorie der Physik über Objekte in der Zeit - der Quantentheorie. Die Debatte um die Konsequenzen der Quantentheorie für die Wahrnehmungsmöglichkeiten von Wirklichkeit, Wissen und Bewusstsein sind noch lange nicht beendet.

Mehr unter:
http://www.diss.fu-berlin.de/diss/servlets/MCRFileNodeServlet/FUDISS_derivate_000000002158/05_kap4.pdf?hosts

@ KDS:

... die Mutation kann etwas schaffen, was noch nie da gewesen ist. Dieser Schaffensprozess scheint einem objektiven Zufall zu unterliegen. Die Rekombination repräsentiert einen eher gerichteten, nicht-objektiven Zufall. Hingegen findet beim dritten Schritt der Evolution, der Selektion, ein Prozess statt, für den wohl die Kriterien einer primären oder elementaren

Form von Bewusstsein erfüllt sind[67]. Situativ wird aus den "dargebotenen" Möglichkeiten das für eine spezielle Situation Notwendige ausgewählt (selektiert), etwa um unter extremen Bedingungen **leben zu können** (= Ziel), wie es beispielsweise die Archaeen vorgemacht haben.

Die Hypothese, dass Selektion die Kriterien von Bewusstsein erfüllt, kann im Übrigen falsifiziert werden: Leben unter extremen Bedingungen ist auch ohne Selektion, d.h. ohne einen bewussten Auswahlprozess möglich.

Die Theorie der Selbstorganisation steht übrigens in der Tradition der Quantentheorie. So nimmt Carl Friedrich von Weizsäcker und Thomas Görnitz an, dass die Quantentheorie eine allgemeine Theorie über das gesetzmäßige Verhalten von Gegenständen der Erfahrung ist (Weizsäcker 1991, Görnitz 1992). Nicht eine einzige Erfahrung ist gefunden worden, die der Quantentheorie im Zusammenhang mit dem Phänomen der Selbstorganisation widerspräche.

Die postulierte **unbegrenzte Gültigkeit der Quantentheorie für das Phänomen der Selbstorganisation** wurde von Herman Haken bei der Entstehung des Laser-Lichts bestätigt. Manfred Eigen bestätigte sie beim selbstorganisierten Ursprung genetischer Information.

Selbstorganisation im Sinne der Synergetik (Haken 1977) meint die Fähigkeit eines Systems, bei Veränderungen der Umweltparameter Übergänge zwischen verschiedenen Strukturen vollziehen zu können, wobei für die Strukturneubildung **keine äußere Instanz** bemüht werden muss. Sie wird durch die Innere Dynamik des Systems vermittelt.

Die Beschreibung Hakens kommt meiner Vorstellung der Evolution sehr nahe. Bezogen auf die Frage "Was ist Leben?" kann Autokatalyse Ketten bilden und so DNA hervorbringen. Es handelt sich um einen **selbstorganisierenden Prozess, der bewusst im Sinne der Definition durch eine Art**

---

67 Zur Definition von Bewusstsein siehe Kasten auf S. 66

Selektion gesteuert wird. Unter Einbeziehung der elementaren Information kann **Lebensentstehung als ein durch Informationsverarbeitung ausgelöster Prozess** aufgefasst werden.

3.5 Studien und Gedanken über anorganisches Leben

> ***Ernst Haeckel: Kristallseelen.***
>
> *Studien über das Anorganische Leben. Kristallotik (= Kristallkunde), Probiontik (=Zytodenkunde), Radionik (=Strahlingskunde), Psychosomatik (=Fühlungskunde).*
>
> *Mehr unter:*
> http://caliban.mpipz.mpg.de/haeckel/kristallseelen/haeckel_kristallseelen.pdf

@ KDS:

... Haeckel schreibt, Bewusstsein sei nicht mehr und nicht minder wie jede andere Seelentätigkeit eine Natur-Erscheinung und sei gleich anderen Natur-Erscheinungen dem Substanz-Gesetz unterworfen. Um das Entwicklungsgesetz der Evolutionstheorie auch auf die anorganische Materie anwenden zu können, musste er den Nachweis erbringen, dass sich die anorganischen Stoffe im Prinzip nicht von den organischen Stoffen unterscheiden. Deshalb veröffentlichte er im Jahre 1917 in Fortführung des bereits 1878 in der Concordia zu Wien gehaltenen Vortrages „Zellseelen und Seelenzellen" (1878) die Schrift „Kristallseelen" (1917), um die These zu begründen.[68]

In dem Kapitel Psychosomatik (= Fühlungskunde) versucht er den Nachweis zu erbringen, dass in der organischen und

---

68 http://digital.ub.uni-duesseldorf.de/vester/content/pageview/1966872

anorganischen Natur überall dieselben "ewigen, ehernen großen Gesetze" alles Geschehen beherrschen. Die Ganze "Lebenswelt" untrennbar mit der sogenannten "leblosen Welt" verknüpft, wird als "Universum" einheitlich von demselben Prinzip der Entwicklung geleitet. Später gelangte er zu der Überzeugung, die beiden Haupteigenschaften der Psyche: Bewegung und Empfindung, besser als zwei selbstständige Attribute der Substanz zu trennen in die Mechanik, die sich mit der Bewegung, und die Psychosomatik, die sich mit der Empfindung der Materie befasst:

> *"Alle Substanz besitzt Leben, anorganische ebenso wie organische; alle Dinge sind beseelt, Kristalle so gut wie Organismen. Unerschütterlich erhebt sich aufs Neue die alte Überzeugung von dem inneren einheitlichen Zusammenhange alles Geschehens, von der unbegrenzten Herrschaft allgemeingültiger Naturgesetze ...*
>
> *...* ***Die Materie kann nie ohne Geist, der Geist nie ohne Materie existieren*** *und wirksam sein"*

Die Psychologie der Seelenkunde erscheint dem Naturforscher, der alle Erscheinungen als "Natur" auffasst, als eine Einheit der Naturgesetze im ganzen Kosmos.[69]

Den Nachweis über die Beseeltheit der anorganischen Stoffe führte Haeckel, indem er aufzuzeigen versuchte, dass auch den Kristallen Eigenschaften des Lebens wie Wachstum, Ernährung, Vermehrung, Hautbildung, Stoffwechsel, Kernbildung, Exkretion, Regeneration, Bewegung und Fühlung zukommen.

In unserer Sprach- und Denkweise und anders ausgedrückt heißt das:

Alle Quanten-Objekte unserer 4-dim-Welt besitzen die Fähigkeit, einen informationsverarbeitenden Prozess als Ausdruck vorhandenen Bewusstseins auszulösen.

---

69 http://digital.ub.uni-duesseldorf.de/vester/content/pageview/1913746

Damit und unter Einbeziehung der Dekohärenztheorie würde sich zusammenfassend hinreichend gut erklären lassen, warum die materiehaltige Wirklichkeit auch dann Bestand hätte, wenn das Bewusstsein von allem Organischen abgeschaltet wäre.

@@@

@NW:

… Über das, was Haeckel vorgedacht hat, bin auch ich begeistert und kann dem inhaltlich nur zustimmen. Ich bekomme langsam das Gefühl, mit meinem eigenen Weltbild gar nicht falsch zu liegen. Durch Pascual Jordans *„Die Physik und das Geheimnis des organischen Lebens"*, (Braunschweig, 1945), versuche ich weitere Bestätigungen zu erhalten. Der Quantenphysiker Jordan vertritt jedenfalls die Meinung, dass die physikalischen Regeln der Quantenphysik auch für die Vorgänge des Lebens gültig sind.

@@@

@ KDS:

… in Ihrem Buch *„Der Widerhall des Urknalls"* beschäftigen Sie sich mit dem Thema *„Bewusstseinseinheiten als elementare Bausteine der Materie"*. Dabei geht es um den Zusammenhang zwischen den Phänomenen der Quantenphysik und informationsverarbeitenden Prozessen. Letztere firmieren als Bindeglied zwischen physikalischer Realität und dem metrikfreien Vakuum.

Wir haben festgestellt, dass mit Hilfe von Quantenkorrelation (Verschränkung) Energie zum Aufbau der 4-dim Quantenwelt bereitgestellt wird. Ausgelöst wird diese durch einen informationsverarbeitenden Prozess. Die Vermittlung kann über eine ganze Klasse elektromagnetischer Wellen (*Wrobel/Sedlacek: Quantenstaub,* S. 76) erfolgen, etwa Mikrowellen, Wärme- oder Röntgenstrahlung.

Die kleinste Einheit, die eine Wirkung in unserer 4-dim-Welt entfaltet und in dieser faktisch wird, ist das Planck-(Wirkungs-) Quantum.

Aus naheliegenden Gründen dürfte die kleinste "Wirkeinheit" durch ein Photon repräsentiert werden. Photonen sind demzufolge Vehikel für eine über Sinneseindrücke wahrnehmbare Wirklichkeit. Die wichtigsten Sinneseindrücke, mit denen Lebewesen, wie der Mensch, sich die Wirklichkeit begreifbar machen können, sind quantenassoziierte Prozesse wie das Sehen. Die Quantenbiologie wird auf diesem Gebiet in den nächsten Jahren weitere Nachweise erbringen.[70]

Es kann weiterhin angenommen werden, wonach die 4-dim-Welt immanent einen Zwitterzustand einnimmt: immer das Wahrnehmbare bzw. Beobachtbare in der Wirklichkeit und zugleich das über Quantenprozesse verbundene Nichtlokale im metrikfreien Vakuum (*Wrobel/Sedlacek: Quantenstaub*, S. 99, S. 105).

Photonen sind aber nicht nur Vehikel für die Vermittlung einer Wirklichkeit, sondern erzeugen auch Materie durch Wechselwirkungen wie sie bereits beschrieben wurden (z.B. „Amerikanische Physiker schufen erstmals Materie aus reinem Licht", *Quantenstaub*, S. 77).

Manche Physiker nehmen an, dass durch bewusste Beobachter in jedem Moment Wirklichkeit in einer makroskopischen Quantenwelt "geschaltet" wird. Die Quantenphysikern haben die damit zusammenhängenden Probleme im Rahmen des sogenannten **Messproblems**[71] diskutiert. Jedes bewusstseinsenthaltende System wäre somit in der Lage, "materiehaltige Wirklichkeit" zu erzeugen.

Was passiert mit der materiehaltigen Wirklichkeit, wenn beispielsweise das Bewusstsein eines menschlichen Beobachters während des Tiefschlafes, einer Narkose oder

---

70 http://www.spektrum.de/news/mit-allen-quantenmitteln/1034267

71 J. v. Neumann, *Mathematische Grundlagen der Quantenmechanik*, Springer (1932, 1968, 1996).

irgendwie anders "abgeschaltet" wird? Verschwindet die Wirklichkeit in diesem Moment? Einstein jedenfalls hat sich grundsätzlich geweigert, solche Gedankenspiele zu akzeptieren: Für ihn existierte der Mond auch dann, wenn er nicht hinschauen würde.

Ist es tatsächlich so, dass beispielsweise in einer individuellen Tiefschlafsituation die materiehaltige Wirklichkeit doch nicht verschwindet, sondern als solche erhalten bleibt? Muss es deshalb nicht etwas geben, was die Wechselwirkung zwischen der faktisch realen Welt und dem metrikfreiem Vakuum während einer individuellen "Abschaltung" dynamisch aufrechterhält?

Sofort stellt sich die Frage, ob bewusstseinsenthaltende Systeme zwingend mit etwas Lebendigem verknüpft sein müssen?

Theoretisch ist es denkbar, dass alles Lebendige zeitgleich das Bewusstsein abschaltet. In dem Fall müsste die materiehaltige Wirklichkeit verschwinden. Das ist aber kaum vorstellbar. Hingegen ist es denkbar, dass es etwas außerhalb der lebendigen, bewusstseinsenthaltenden Systeme geben muss, das die Wirklichkeit in jedem Moment aufrechterhält.

So liegt die Vermutung nahe, es gäbe neben bewussten Prozessen des Lebendigen noch andere, unbekannte Prozesse, die materiehaltige Wirklichkeit schalten können. Oder der elementare Bewusstseinsprozess ist tatsächlich eine universelle Eigenschaft von allem, was als Substanz existiert und nicht an Lebendigkeit gebunden ist.

Auf Quantenebene kann man davon ausgehen, dass überall dort, wo die Wechselwirkungen vom reinen, objektiven Quantenzufall abhängen, auch die Kriterien eines elementaren Bewusstseins erfüllt sind. Letztere Vorstellung beschreibt die tatsächlichen Verhältnissen über das Entstehen der Wirklichkeit besser, allerdings mit der Konsequenz, dass Nicht-Lebendiges, also auch etwas Totes zumindest elementares Bewusstsein enthalten muss.

Sofort beschleicht sich wieder gedankliches Unbehagen bei der Vorstellung, ein Felsbrocken besäße eine Art Bewusstsein. Doch mit der Existenz von elementarem Bewusstsein bei allem Anorganischem ließe sich sogar hinreichend gut erklären, warum die materiehaltige Wirklichkeit auch dann Bestand hätte, wenn das Bewusstsein alles Lebendigen abgeschaltet wäre.

4. Evolutionäre Prinzipien der Bewusstseinsentwicklung

4.1 Bewusstsein am Anfang der Evolution

Archaea Haloferax volcanii verhält sich bei der Replikation anders als erwartet

„Es ist eine Form von Leben, die wir so bisher nicht kannten.“

Archaeen wurden ursprünglich unter extremen Umweltbedingungen entdeckt und können sowohl unter extremen Höchst- als auch Tiefsttemperaturen, in hochgradig salzhaltigem wie auch in stark alkalischem Wasser überleben.

Auf genetischer Ebene sind Archaeen eher noch mit den Eukaryonten - und damit auch mit uns Menschen - verwandt als mit Bakterien.

Mehr unter:
http://www.nature.com/nature/journal/v503/n7477/full/nature12650.html

Komplexe Lebensgemeinschaft aus Mikroorganismen in Tiroler Eishöhle

Forscher haben sogenannte Mondmilch in der Tiroler Hundsalm Eishöhle entdeckt. Jeder Tropfen beherbergt neben Bakterien und Pilzen auch bis zu eine Million Archaea pro Milliliter, die an einem der nährstoffärmsten Flecken der Erde wachsen und gedeihen.

Mehr unter:
http://science.orf.at/stories/1742194/

@ KDS:

… bei **Archaea Haloferax volcanii** handelt es sich um eine Form von Archaeen und eine Entdeckung, die das Replicon-Modell widerlegt, von dem Forscher 50 Jahre lang annahmen, es sei eine der Grundvoraussetzungen für das Leben. Zitat aus der Arbeit:

> *"Wir haben hier zwar eine Form von Leben vor uns, aber eine Form von Leben, die wir so nicht kannten: Äußerlich sehen sie wie Bakterien aus aber im Innern gleichen sie uns"*

Laut dem Replicon-Modell müssen alle sich reproduzierende Lebewesen zunächst ihre DNA kopieren, bevor sich die Zelle teilen kann. Dies geschieht an einer Vielzahl der Replikationsursprünge (engl.: Origin of replication). Sind diese Replikationsursprünge bei Eukaryonten - etwa bei einem Menschen - beschädigt oder nicht vorhanden, so verhindert dies die Replikation und führt unweigerlich zum Zelltod.

Anders jedoch bei Haloferax volcanii. Hier beginnt die Kettenreaktion der Zellteilung spontan und selbst dann, wenn die Replikationsursprünge geschädigt wurden oder gar nicht erst vorhanden sind. In letzterem Fall, so zeigen es die Untersuchungen, läuft die DNA-Replikation sogar um 10 Prozent schneller ab.

Ganz offensichtlich laufen bei Haloferax volcanii Replikationsvorgänge anders als erwartet ab. Auch eine ungewöhnliche Energiegewinnung scheint möglich zu sein, wie es bei den in den Tiroler Höhlen in "Mondmilch" gefundenen Archaeen in extrem nährstoffarmer Umgebung nachgewiesen worden ist. **Archaeen schaffen es, am Leben zu bleiben und sich zu reproduzieren selbst dort wo es unmöglich scheint.**

Die Untersucher vermuten ursächlich einen anderen Stoffwechsel, bei dem Methan produziert wird. Möglicherweise gewinnen sie dadurch die lebenserhaltende Energie.

Im Kapitel *3.1 (Bewusstsein als Voraussetzung für die Evolution des Lebens)* ist eine grundsätzliche Lösung beschrieben, mit der Leben in einer lebensfeindlichen Umgebung entstehen kann, wobei **Bewusstsein am Anfang steht und dann erst die Evolution beginnt**.

Letztendlich ist das Gemeinsame der drei Species Archaeen, blinde Höhlenfische und Tiefseelebewesen, darauf ausgerichtet, sich "**zielgerichtet** zu verhalten". Hier besteht also die ganz eindeutige Absicht, in einer sonst lebensfeindlichen Umgebung am Leben zu bleiben. Die Lebewesen müssen irgendwie Gefühlsregungen aufbringen, die zu ihrem zielgerichteten Verhalten führt. Das Verhalten muss nicht unbedingt objektiv "vernünftig" sein, sondern kann schlicht auch subjektiv eingefärbt sein.

Für ihr Verhalten werden körperliche Ressourcen bereitgestellt, die für einen bestimmten Zweck aktiviert sind (i.S. von nicht determinierten Entscheidungen zwischen Handlungsalternativen), was zum Begriff „Gefühlsregung" führen würde.

Gefühlsregungen implizieren jedoch eine subjektive oder phänomenale Sichtweise des Bewusstseins. Objektiv argumentiert bietet es sich an, den Begriff **Bedürfnis** zu verwenden als eine "Neigung, ein bestimmtes Ziel zu verfolgen": In der Gesamtheit handelt es sich um ein "zielgerichtetes Verhalten zur Befriedigung von Bedürfnissen", nämlich im gewählten Beispiel, in einer lebensfeindlichen Umgebung zu leben.

Sie haben "Bewusstsein und informationsverarbeitende Prozesse" als fundamental für die Gewinnung von Energie aus dem metrikfreien Vakuum beschrieben (*Sedlacek: Widerhall,* S. 151ff). Deutet das "… in lebensfeindlicher Umgebung leben zu können", wie es die oben aufgeführten, ganz unterschiedlichen Spezies offensichtlich vormachen, wieder darauf hin, Bewusstseinsprozesse als ursächlich annehmen zu müssen?

@@@

@ NW:

… ich bin erneut fasziniert, was Sie gefunden haben. Die Entdeckung über eine unerwartete DNA-Replikation ist meiner Ansicht nach außerordentlich bedeutend. Ich denke, damit ist ein weiterer Baustein gefunden, um Entstehung von Leben besser zu verstehen.

Und der zweite Artikel ist genauso faszinierend. Die Mondmilch scheint ja einen kompletten Mikrokosmos zu enthalten. Ein Mikrokosmos in einer abgeschlossenen Lebensgemeinschaft, die nichts oder kaum etwas von außerhalb zum Lebenserhalt benötigt.

Und schließlich bin ich fasziniert über Ihre Argumentation. Zu dem Sachverhalt will ich ein paar ergänzende Worte formulieren: Genau wie Sie denke ich, dass informationsverarbeitende Prozesse, die wir als Bewusstsein erkannt haben, verantwortlich dafür sind, in einer lebensfeindlichen Atmosphäre, tief in einer Eishöhle, in Tiefseeschloten, Geysirquellen oder anderen extremen Lebensräumen existieren zu können. Ohne die Hilfe eines Bewusstsein-Prozesses wäre es sicher nicht möglich, sich auf die äußeren Umstände einzustellen, die von Lebensraum zu Lebensraum extrem unterschiedlich und bestimmt auch nicht immer konstant sind, sondern Schwankungen unterliegen.

Es ist wohl tatsächlich so, dass die Mitglieder der Lebensgemeinschaft in ihren extremen Lebensräumen, jeder für sich und hinsichtlich der eigenen Bedürfnisse, nicht determinierte Entscheidungen treffen müssen, um am Leben zu bleiben und um sich replizieren zu können.

Nachdem die Kriterien für Bewusstsein, offensichtlich erfüllt sind, kommen wir nicht umhin zu sagen, Bewusstseinprozesse sind wesentlich für den Fortbestand auch auf den untersten Stufen des Lebens.

Nun ist es aber so, dass wir in den Archaeen oder sonstigen Mikrolebewesen keine Art Gehirn und auch keinen Ort entdecken können, der speziell für die Informationsverarbeitung geeignet erscheint. Wir stehen wie beim Doppelspaltexperiment mit Quanten vor der Frage: An welcher Stelle finden die informationsverarbeitenden Prozesse statt, wo ist ein Informationsspeicher zu finden usw.?

Was die rein biochemischen Vorgänge, wie die Replikation betrifft, so mag die dazu nötige Information in der DNS gespeichert sein.

Aber das Erkennen von Änderungen der Umwelt setzt die **Speicherung früherer Umwelt-Zustände** voraus. Denn ohne die Information über einen früheren Zustand, erkennt man keine Änderung. Und wenn ein Lebewesen Änderungen seiner Umwelt nicht erkennt, kann es nicht darauf reagieren, kann keine Entscheidungen treffen, kann sich nicht anpassen. Ohne Anpassung geht es letztendlich zugrunde.

Offensichtlich haben die Mikrolebewesen es aber geschafft, sich über extrem lange Zeiträume in den extremsten Lebensräumen zu behaupten und anzupassen. Wo ist also die aktuelle Information über die Umwelt gespeichert? Wo findet der zugehörige informationsverarbeitende Prozess statt?

An anderer Stelle haben wir schon einmal die gleiche Frage beantwortet und sind zu dem Schluss gekommen, nur das metrikfreie Vakuum, kann das sein, worin etwas gespeichert wird, worin auch zumindest ein Teil der informationsverarbeitenden Prozesse stattfindet.

Ebenso haben wir festgestellt, dass in Zellen und in der DNA quantenphysikalische Prozesse einschließlich der Verschränkung eine generelle Rolle spielen. Das kann bei den Mikrolebewesen und Archaeen an Extremorten nicht anders sein.

Die Archaeen, die am Beginn der Nahrungskette einer Lebensgemeinschaft stehen, sammeln wahrscheinlich die Energie, die sie zum Leben benötigen, mit Hilfe quantenmechanischer Verschränkungsprozesse aus Photonen, die auch in dunklen und extremen Lebensräumen vorkommen. Das geschieht wohl ähnlich der Photosynthese bei der Meeresalge, die ebenfalls quantenmechanische Verschränkung für ihre Prozesse nutzt. Die Verschränkung wird benötigt, um energieschwache Photonen solange zu sammeln, bis die Energiemenge für biochemische Prozesse ausreicht.

Die benötigten Bewusstseinsprozesse finden wohl zum erheblichen Teil im metrikfreien Vakuum statt. Ohne eine ständige Verbindung der 4-dim Quantenwelt mit diesem Nichts funktioniert deshalb überhaupt nichts bei den Mikrolebewesen, keine Ernährung, keine Replikation, keine Anpassung an sich ändernde Umweltbedingungen, kein Lebenserhalt.

4.2 Leben in ewiger Finsternis

Blinder und tauber Höhlenfisch entdeckt

In den Tiefen der meisten Höhlen herrscht ständige Dunkelheit, viele Höhlentiere haben daher ihre Augen reduziert. Damit sie dennoch Beute finden und sich zurechtfinden, müssten eigentlich ihre anderen Sinne umso schärfer sein.

Doch jetzt haben Forscher erstmals einen Höhlenfisch entdeckt, der nicht nur blind ist, sondern auch noch fast taub.

Mehr unter:
http://www.scinexx.de/wissen-aktuell-15842-2013-03-27.html

Das Mysterium der augenlosen Fische

Für die genetische und evolutionsbiologische Welt ist die Erblindung des Fisches aber noch in weiten Teilen ein Mysterium. Theorien und Ergebnisse gibt es viele – Gewissheiten wenige. Selbst Darwin war bei den augenlosen Wassertieren mit seinem Evolutionslatein am Ende.

Mehr unter:
http://www.spektrum.de/news/fische-n-im-trueben/938375

Blinder Höhlenfisch als Vorlage für innovative Sensoren.

Obwohl der Blinde Höhlensammler (Astyanax fasciatus) nichts sieht, könnte er in der Entwicklung neuartiger Bewegungssensoren eine wesentliche Rolle spielen.

Mehr unter:
http://www.proplanta.de/Agrar-Nachrichten/Wissenschaft/Blinder-Hoehlenfisch-als-Vorlage-fuer-innovative-Sensoren_article1238354905.html

Tiefsee: Leben im absoluten Dunkel

In der Tiefsee gibt es kein Sonnenlicht und keine Pflanzen. Das Reich der ewigen Finsternis beginnt 200 Meter unter dem Meeresspiegel. Doch selbst in größten Tiefen leben große und kleine Kreaturen.

Mehr unter:
http://www.geo.de/GEOlino/natur/tiefsee-leben-im-dunkeln-1754.html?eid=61573

@ KDS:

… das Thema blinde Höhlenfische ist nicht zuletzt deswegen so spannend, weil Entwicklungszeiträume von vielen Millionen Jahren überblickt werden können: Wie kommen Fische dorthin und wie können Sie unter so extremen Bedingungen überleben? Gib es eine Querverbindung zu Archaeen? Vielleicht ließe sich ein Evolutionsmodell auf der Basis quantentheoretischer Überlegungen herleiten?

Wie wir inzwischen gelernt haben, kann die Schnecke Elysia timida die aufgenommenen Plastide von Meeresalgen ganz unterschiedlich nutzen: Entweder dienen die entlang des Verdauungsrohres abgelegten Plastide zur Energiegewinnung via Photosynthese oder sie werden bedarfsgerecht verdaut, falls sie funktionslos geworden sind. Das passiert beispielsweise dann, wenn die Schnecke in absoluter Dunkelheit gehalten wird.

Ganz ähnlich, aber in umgekehrter Reihenfolge, scheinen sich die Tiefseelebewesen zu verhalten: Wenn es nötig ist, steigen sie aus der Tiefe zur Oberfläche auf, um an Pflanzen zu gelangen, die höchstens bis zu einer Tiefe von 200 m existieren können, um so ihren Energiebedarf zu decken. An diesem Beispiel werden zwei Dinge deutlich:

- Pflanzen benötigen explizit Licht, um über die Photosynthese auf eine allerdings sehr effektive Art und Weise Energie zu gewinnen. Dabei ist die Energieausbeute durch Quanteneffekte hocheffizient. Auch wenn pflanzliche Eukaryonten zusätzlich über Mitochondrien verfügen, kann nicht gänzlich auf Licht zur Energieerzeugung verzichtet werden.

- Tierische Eukaryonten, wie beispielsweise Elysia timida, brauchen nicht unbedingt Licht zum Leben, sind aber in der Lage, dieses wenn nötig zur Energiegewinnung zu nutzen. Die Tiefseelebewesen scheinen demgegenüber rein lichtunabhängig existieren zu können.

In der Erdgeschichte waren wohl lichtabhängige Lebewesen zuerst da.[72] Später entwickelten sich daraus Formen, die das Leben auch lichtunabhängig zubringen konnten. Es stellt sich die Frage, warum sich gerade tierische Eukaryonten lichtunabhängig weiterentwickelt haben, obwohl mittels Photosynthese die Energieausbeute doch sehr effizient ist?

Die hoch entwickelte Photosynthese der Pflanzen, für deren Effektivität und Effizienz zweifelsohne Quanteneffekte zugrunde gelegt werden können, muss sich in irgendeiner Form bei tierischen Eukaryonten weiterentwickelt haben.

Für deren spezifischen Lebensvorgänge und Reproduktion stehen prinzipiell zwei unterschiedliche Strukturen zur Verfügung: Plasmone (extrachromosomale Funktionen) und DNA (chromosomale Funktionen), wobei Energie normalerweise durch das Mitochondrium geliefert wird.

Ist es denkbar, dass sich in einem der beiden Strukturen, oder gar in beiden zugleich, photosyntheseähnliche Prozesse auswirken? Jedenfalls ließe sich so die Möglichkeit der Energiegewinnung auch unter extremsten Bedingungen quantenassoziiert erklären. Sofort stellt sich dann aber die Frage, auf welche Art und Weise Quanteneffekte, wie die bei Pflanzen, auch bei tierischen Eukaryonten auftreten? Und müssten dann nicht die Plasmonen-DNA und originäre DNA die entscheidenden Strukturen sein?

@@@

Die Bedeutung der Cyanobakterien für die Entwicklung des Lebens

Nach aktuellen Funden zu urteilen, gehören die Cyanobakterien zu den ältesten auf der Erde vorkommenden autotrophen Organismen, da schon 3,5 Milliarden alte Vertreter ihrer Klasse gefunden wurden. Einige Zeit später

---

72 http://www.mpimp-golm.mpg.de/32235/research_report_383967

> *entwickelten sich die ersten Organismen, die frühen Pro-*
> *karyoten.*
>
> *Mehr unter:*
> :http://de.wikibooks.org/wiki/Cyanobakterien:_Bedeutung_de
> r_Cyanobakterien_für_die_Entwicklung_des_irdischen_Lebe
> ns

@ NW:

… ich habe weiter oben (Kapitel *2.4 Wirkweise der Plastide und Mitochondrien*) die Photosynthese nach Wirkprinzipien einer quantenmechanischen Verschränkung und die sich daraus ergebenden, deduktiven Schlussfolgerungen ausführlich dargestellt. In Hinblick auf die Beantwortung Ihrer Fragen scheint mir das Verhalten von Cyanobakterien (= Blaualgen) für die Entwicklung des irdischen Lebens ganz besonders hilfreich zu sein: In zweierlei Hinsicht spielten sie für die Evolution des Lebens auf der Erde eine wichtige Rolle. Zum Einen waren sie als Pionierorganismen auf der Erde maßgeblich daran beteiligt, die Atmosphäre der Erde mit Sauerstoff anzureichern und diese für komplexeres Leben bewohnbar zu machen. Zum Zweiten in der Entwicklung der Endosymbiose, die für die Weiterentwicklung der pflanzlichen und tierischen Eukaryonten ganz unerlässlich war.

Stammen nun Chloroplasten einzig von einstmals phagozytierten Cyanobakterien ab? Photoautotrophe[73] Eukaryonten verfügen stets über fotoaktive Zellorganellen. An ihnen lässt sich gut erkennen, wie sich Endosymbionten an die sie umgebende Zelle angepasst haben. Bei dem Vergleich photoaktiver Zellorganellen von einzelligen Algen über Rotalgen, Grünalgen bis

---

73 **Photoautotrophie** ist die Nutzung von Licht als Energiequelle bei Autotrophie. Die Lichtenergie wird in chemische Energie (ATP) umgewandelt um sie zum Aufbau von Bau- und Reservestoffen aus anorganischen Stoffen zu verwenden.

hin zu Grünpflanzen, wird der prokaryotische Charakter der Algen überaus deutlich: In grünen Zellorganellen der Pflanzen finden sich Chloroplasten mit den Photosynthesepigmenten Chlorophyll a und b, Cyanobakterien hingegen verfügen jedoch nur über photoaktives Phycocyanin und Phycocrythin.

In marinen Symbiosen hat sich wahrscheinlich zweierlei abgespielt: Neben Cyanobakterien wurden inzwischen weitere Prokaryonten gefunden, die zur oxygenen Photosynthese fähig sind. Sie werden Prochlorophyten genannt und verwenden wie Pflanzen Chlorophyll a und Chlorophyll b, verfügen aber nicht über die Farbstoffe Phycocyanin und Phycocrythin. Sie sind aber Prokaryonten und stehen neben bzw. zwischen Chloroplasten und Cyanobakterien, da sie Merkmale beider aufweisen.

Bei der Beantwortung der Frage "was macht Elysia timida anders als Pflanzen?" finden sich die entscheidenden Hinweise, wie sich "Photosynthese" evolutionär weiterentwickelt haben könnte und welche Strukturen bei tierischen Eukaryonten, wenigstens rudimentär, nach ähnlichem Prinzip Funktionen ausüben: Die Endosymbiontentheorie stützt sich auf die Tatsache, dass relativ große prokaryotische Einzeller manchmal kleinere Prokaryonten in sich aufnehmen, ohne diese zu verstoffwechseln. Während pflanzliche Eukaryonten endosymbiotisch Plastiden (Chloroplasten) exklusiv nutzen, um zu leben, leistet sich Elysia timida den Luxus zu entscheiden, die Funktion der Photosynthese durch Plastiden zur Energiegewinnung in Anspruch zu nehmen oder diese durch Verdauung derselben zu erzielen. Es bestehen also Auswahlalternativen. Die Schnecke kann nur bewusst eine Entscheidung für die Inanspruchnahme einer der beiden Funktionen zur Energiegewinnung treffen.

Für eine lichtunabhängige Lebensweise scheint es zudem alternative Möglichkeiten zu geben:

So produzieren Bakterien Methan ohne Licht und ohne Sauerstoff.[74]

Oder Tiefseeorganismen können möglicherweise auch radio-aktives Material in nutzbare Energie umwandeln.[75]

Archaeen schaffen es, ohne Licht und Sauerstoff, die zum Leben nötige Energie zu gewinnen (Stichwort: Energiestoff-wechsel).[76]

4.3 Ultraschwache Photonenemission (Biophotonen) biologischer Systeme?

Kommunikation und Codierung von Information mittels Photonen in biologischen Systemen

(Original: Photonic Communications and Information Encoding in Biological Systems).

Currently, the term 'biophotons' is attributed to the optical and UV photons emitted by the living bio-systems in the processes which are different from stan- dard chemi-luminescence. The photon radiation in form of short quasi-periodic bursts was observed for fish and frog eggs, hence the communication mechanism can be similar to the exchange of binary encoded data in the computer nets via the noisy channels. The data analysis of fish egg radiation demonstrates that in this case the information encoding is

---

74 http://www.spiegel.de/wissenschaft/natur/forscher-entdeckten-
mikroorganismen-tief-in-der-ozeanischen-erdkruste-a-888635.html

75 http://www.scinexx.mobi/dossier-detail-66-14.html,
http://www.deutschlandfunk.de/leben-im-inferno.740.de.html?
dram:article_id=206954

76 http://books.google.de/books?
id=u80VCx807kQC&pg=PA263&lpg=PA263&dq=energiestoffwechsel+
prokaryoten&source=bl&ots=CoDoq96YYm&sig=gVjMt3XQNPT7biT
YUp005H5HM90&hl=de&sa=X&ei=pbXbU9r7BIuw7Aa5vYCYDA&ve
d=0CEIQ6AEwBA#v=onepage&q=energiestoffwechsel
%20prokaryoten&f=false

> *similar to the digit to time analogue algorithm.*
>
> *Mehr unter*:
> http://arxiv.org/pdf/1205.4134v1.pdf

@ KDS:

… in der vorliegenden Untersuchung werden die Effekte einer ultraschwachen Strahlung **(Biophotonen**[77]**)** an Fisch- und Frosch-Eiern nachgewiesen. Könnte man nicht annehmen, solch eine Strahlung zur Lebenserhaltung werde im biologischen Sinn „künstlich" erzeugt, um analog der Photosynthese Energie zu gewinnen? Ist es dann nicht denkbar, dieses Prinzip in sinnvoller Weise bei Archaeen oder mehrzelligen Lebewesen, die in absoluter Dunkelheit wie beispielsweise Höhlenfische oder Tiefseelebewesen leben, anzuwenden?

Die Diskussion um das Vorhandensein einer ultraschwachen Strahlung, für die als Quelle die DNA angenommen wird, hält jetzt fast schon ein Jahrhundert an. Ursprünglich von Gurwitsch/Gurwitsch als **"Mitogenetische Strahlung"** entdeckt, hat sich mittlerweile der Begriff des "Biophotons" für diese Strahlenart durchgesetzt. Einer der Protagonisten, Popp, nimmt ein quantenphysikalisches, kohärentes Photonenverhalten an, ganz ähnlich wie bei einem Laser. Mittlerweile sind daraus auch technische Weiterentwicklungen entstanden. Allerdings sind bis heute die grundlegenden Fragen, insbesondere nach dem wie und warum, noch nicht gestellt worden.

Wir haben inzwischen die Photosynthese als einen ausgesprochen effizienten Quantenprozess mit Beteiligung des

---

77 Der Begriff **Biophotonen** wird für diejenigen Lichtquanten verwendet, die ein Teil der ultraschwachen Photonenemission (UPE) biologischer Herkunft sind. Die Strahlung unterscheidet sich von der Biolumineszenz durch ihre um mehrere Größenordnungen geringere Intensität.

Plastoms kennengelernt, der zum Wachsen bzw. Aufrecht-erhaltung des Lebens einer Pflanze dient. Die dazu not-wendige Energie wird durch verschränkte Photonen bereit-gestellt. Wie kann man sich nun etwas Gleichartiges bei tierischen Eukaryonten, Bakterien oder Archaeen vorstellen?

Archaeen kommen auch in tiefen Gesteinsschichten, teil-weise Kilometer weit unter der Erdoberfläche vor, ohne die Möglichkeit einer Lichtexposition. Sie sind einzellige Organismen mit einem meist in sich geschlossenen DNA-Molekül (auch als **„zirkuläres Chromosom"** bezeichnet), das in einem kleinen Volumen angeordnet ist und in dieser Form als Kernäquivalent bezeichnet wird. Archaeen gehören also zu den Prokaryonten. In ihnen finden sich keine Zell-organellen, es gibt aber Hinweise darauf, dass sie funktionell Zytoskelett-ähnliche Filamente zur Stabilisierung ihrer Form ausbilden.

Wie kann man sich bei Archaeen die Mechanismen des Wachstums und der Lebendigkeit vorstellen? Woher nehmen sie die Energie zum Aufrechterhalten des Lebens und zur Reproduktion?

Haeckel spricht in der 1866 verfassten "Generellen Morphologie" von einer "Elementar-Psychologie".[78]

Demnach zeigen auch einzelligen Lebensformen, bei-spielsweise **Protisten**[79] ähnliche Äußerungen von **Empfinden** und **Willen** oder ähnliche Instinkte und Bewegungen wie höhere Lebewesen, etwa die Infusorien (= Aufgusstierchen[80]). Sowohl in dem Verhalten dieser reizbaren Zellinge gegenüber der Außenwelt wie in vielen anderen Lebensäußerungen derselben (beispielsweise in dem Gehäuse-Bau der

---

78 http://www.biodiversitylibrary.org/item/22319#page/11/mode/1up

79 **Protisten** (griechisch Protista, „Urwesen", „Erstlinge") sind eine Gruppe nicht näher verwandter mikroskopischer Lebewesen, zu denen alle ein- bis wenigzelligen Eukaroynten , also Algen, Protozoen und einige Pilze gehören.

80 Als Aufgusstierchen bezeichnet man kleine, sich z. B. im Aufguss von pflanzlichem Material entwickelnde Tierchen (z. B. Wimpertierchen).

Rhizopoden[81]) könnte man deutliche Spuren bewusster Seelentätigkeit zu erkennen glauben.

Unter Annahme der zellulären Theorie des Bewusstseins als eine Lebenseigenschaft jeder Zelle und Ausstattung einer jeden psychischen Funktion mit einem Bewusstseins-Anteil, wird man auch jeder selbstständigen Protisten-Zelle Bewusstsein zuschreiben müssen. Die materielle Grundlage wäre dann das ganze Plasma der Zelle oder deren Kern oder ein Teil desselben.

Unter der Annahme einer aus der DNA herrührenden, ultraschwachen Strahlung könnte nun gefolgert werden, Archaeen beziehen Energie mit Hilfe ihres zirkulären Chromosoms. In Analogie zur Photosynthese müsste es Energie aus quantenmechanischer Verschränkung sein.

Archaeen können wie jedes andere "Seiende" der Wirklichkeit als makroskopische Quanten-Objekte und ausgestattet mit einer Art Bewusstsein aufgefasst werden. Prinzipiell sind Archaeen wohl in der Lage, solche informationsverarbeitenden Prozesse auszulösen, die ihnen helfen die notwendige Energie für das Leben und die Reproduktion zu gewinnen und sei es auch nur auf Quantenebene, indem sie sich für bestimmte lebenserhaltende Prozesse Energie aus dem metrikfreien Vakuum „borgen".

Hingegen haben pflanzliche Eukaryonten endosymbiotisch Plastiden (Plastom) für die Funktion der Photosynthese und damit der Energiegewinnung vereinnahmt.

Bei tierischen Eukaryonten könnte entweder als Analogon das Chondrom in den Mitochondrien angenommen werden oder es ist etwas Anderes, irgendwie rudimentär vorhanden. Die vorhandenen biologische Signalstrukturen müssen bei

---

81 Als Rhizopoden (Wurzelfüßer) bezeichnet man heterotrophe Protozoen, deren Protoplasma zum Zwecke der Nahrungsaufnahme oder Fortbewegung Ausstülpungen bilden kann, die sogenannten Scheinfüßchen (Pseudopodien).

der Speicherung oder Weitergabe von Information eine wichtige Rolle spielen.

Und wie verhält es sich bei den Cyanobakterien? Cyanobakterien sind Organismen, die in einer sehr frühen Lebensentwicklungsphase aufgetreten sind und **fotoautotroph** Energie für Lebensprozesse erzeugen konnten. In der weiteren Entwicklungsgeschichte sind sie eine endosymbiotische Beziehung mit eukaryotischen Zellen eingegangen. Wenn nun dadurch die prinzipielle Fähigkeit zur Photosynthese nicht nur bei pflanzlichen, sondern auch bei tierischen Eukaryonten (vgl. Verhalten Elysia-Schnecken) besteht, interessiert uns vor allem, was wir daraus für mehrzellige Lebewesen, wie etwa Höhlenfische, Tiefseelebewesen oder auch Menschen ableiten können.

Wenn ultraschwache Strahlung durch einen Organismus selbst erzeugt wird, ist es vorstellbar, diese Funktion habe sich vor allem deswegen entwickelt, um lichtautark existieren zu können. Wenn Strukturen zur Erzeugung ultraschwacher Strahlung rudimentär in den Mitochondrien, als Kraftwerk einer Zelle, oder sonst wo angelegt sind, könnten bei extremen äußeren Bedingungen womöglich über einen Photosyntheseähnlichen Prozess die Lichtenergie in jene chemische Energie (ATP) umgewandelt werden, die zum Aufbau von lebenserhaltenden Bau- und Reservestoffen aus anorganischen Stoffen notwendig ist.

Der evolutionäre Fortschritt bestünde darin, ein Leben anders als bei Pflanzen auch ohne Licht zu ermöglichen. Damit ließe sich erklären, warum überhaupt manche Lebensformen in einer sonst lebensfeindlichen Umgebung existieren können: Sie erzeugen das Licht selbst, das sie für ihre biochemischen Prozesse benötigen.

Daraus ergeben sich folgende Fragen:

1. Gesetzt den Fall, es ist etwas Rudimentäres bei tierischen Eukaryonten angelegt, was prinzipiell die Funktion einer sonst lichtabhängigen Photosynthese

übernimmt: Könnte das dafür notwendige Licht über eine ultraschwache Strahlung erzeugt werden?

2. Könnte die ultraschwache Strahlung dazu dienen, Signalstrukturen zu aktivieren, um beispielsweise die DNA-Replikation einzuleiten?

Eingeschlossen ist in den Fragen auch, was das Rudimentäre denn genau ist? Könnte es das in den Mitochondrien befindliche Chondrom selbst sein?

@@@

@ NW:

… sollte die Quelle der Biophotonen tatsächlich die DNA sein, dann handelt es sich sehr wahrscheinlich um ein allgemeines Phänomen, das dann in allen DNA enthaltenden Zellen vorkommt. Denn DNA funktioniert überall auf die gleiche Weise, dann auch bei Archaeen.

Nach vorherrschender Meinung der Wissenschaftler soll die Strahlung auf den bekannten chemischen Reaktionen im Rahmen des Stoffwechsels beruhen.

Mir erscheint es nur seltsam, dass die chemischen Reaktionen sichtbares Licht hervorbringen, denn durch das Verbrennen von Nährstoffen entsteht meist Prozesswärme. Und die Photonen der Prozesswärme gehören meiner Meinung nach eher zum **nicht sichtbaren** Lichtspektrum.

Es kann deshalb nicht ausgeschlossen werden, dass die Biophotonen eine andere Quelle haben. Wenn die vermutete Quelle der Biophotonen die DNA ist, kann das auch bedeuten, dass die DNA Photonen im Bereich des sichtbaren Spektrums benötigt, um den **Vorgang der Replikation auszulösen**. Auf jeden Fall ist es für mich gut vorstellbar, dass Licht erzeugt wird, um über einen Photosyntheseähnlichen Prozess aus dem Licht biochemische Energie zum Erhalt der wichtigsten Lebensprozesse zu produzieren.

Ich habe nun registriert, dass die Strukturformeln der Aminosäuren, aus denen die DNA zusammengestellt wird, an vielen Stellen Wasserstoff H+ enthalten. Wasserstoff hat normalerweise ein einziges Elektron. Zu jeder möglichen Elektronenbahn gehört ein bestimmtes Energieniveau, das sich als Summe von potenzieller Energie und kinetischer Energie des Elektrons darstellen lässt. Die Elektronenbahnen werden durchnummeriert von 1 bis unendlich. Je größer die Bahnnummer, desto weiter ist das Elektron vom Atomkern entfernt.

Elektronen strahlen sichtbares Licht ab, wenn sie von Bahnen mit der Nummer 7 bis 3 auf die Bahn mit der Nummer 2 wechseln (sogenannte Balmer-Serie). Wenn die Elektronen von Bahn 5 bis 2 auf Bahn 1 wechseln, wird energiereiches UV-Licht abgestrahlt. Ich denke, das wird der DNA weniger gut gefallen (Gefahr von Mutationen). Wenn die Elektronen von Bahn 7 bis 4 auf Bahn 3 zurückfallen, dann wird Infrarotlicht abgestrahlt (Wärme).

Die Frage ist nun die, wieso wechseln Elektronen ihre Bahn von 7 (bis 3) nach 2? Dafür gibt es wohl zwei Möglichkeiten:

a. Quantenzufall/reiner Zufall (weil es dem Elektron so gefällt).

b. Weil für den Einbau von Wasserstoff in eine Aminosäure evtl. **Bindungsenergie benötigt** wird. Diese Bindungsenergie wird aus energiereichen Elektronen gewonnen, indem die Elektronen auf eine energieärmere Bahn zurückfallen (Bahn 2).

Gleichgültig ob nun a. oder b. oder auch beides zutreffend ist, ich denke man kann mit Sicherheit davon ausgehen, dass die **Biophotonen** tatsächlich **von den Vorgängen aus dem Bereich der DNA** stammen. Andere Ursprungsorte halte ich für eher unwahrscheinlich.

Die andere Frage in dem Zusammenhang ist die, wie

Elektronen auf die energiereicheren Bahnen 3 bis 7 kommen (der Vorgang heißt Anregung)? Als Antwort gibt es drei Möglichkeiten:

a. **Thermische Anregung**: Die kinetische Energie des Elektrons wird um den benötigten Energiebetrag erhöht, indem das Wasserstoffatom durch Wärme (-Photonen) bzw. Prozesswärme aus dem Verbrennen von Nährstoffen in größere Atom- bzw. Molekularbewegung versetzt wird (kinetische Energie). Stöße zwischen den Atomen heben die Elektronen auf höhere Bahnen.

b. **Fotoanregung**: Wechselwirkung des Elektrons mit Licht, d.h. das Elektron nimmt ein Photon mit ausreichend großer Energie auf.

c. **Elektrische Anregung**. Treffen Elektronen mit hoher Geschwindigkeit auf Atome, werden diese dadurch angeregt und Elektronen auf eine höhere Bahn gehoben. Die Elektronen könnten beispielsweise aus dem Beta-Zerfall von radioaktivem Material stammen.

Der Fall b (Fotoanregung) kommt bei Mikroorganismen, die im ewigen Dunkel leben, wohl nicht infrage.

4.4 Grundlagen zur Formulierung einer Theorie des Quantenbewusstseins

@ KDS:

… ich will an dieser Stelle eine Zusammenfassung unserer Erkenntnisse versuchen:

Cyanobakterien waren eine der ersten Strukturen, die fotoautotroph als Organismen leben konnten. Durch Photosynthese konnten sie womöglich Teile ihres Energiebedarfes decken. Die im photosynthetischen Lamellensystem (Chloroplast) verorteten Pigmente verfügen über Chlorophyll b, sowie Hilfspigmente wie Phycocyanin und Phcocrythin.

Nebenbei bemerkt haben Cyanobakterien - als eine besondere Leistung - ganz wesentlich an der Sauerstoffbildung und damit der Atmosphäre der Erde beigetragen.[82]

Im Gegensatz zu den Eukaryonten liegt die DNA der Cyanobakterien frei im Zytoplasma vor. Abgetrennte Zellorganellen sind nicht vorhanden. Die Fortpflanzung erfolgt vegetativ, also durch Zellteilungen.[83]

Ähnlich wie Mitochondrien besitzen Plastide (Chloroplasten der pflanzlichen Eukaryonten) sowohl eine eigene DNA, eigene Ribosomen und Biomembranen als Hülle.

Mitochondrien und Plastide (Chloroplasten) der eukaryotischen Zellen sind durch Endosymbiose im Zuge der Evolution sehr früh entstanden. Dabei wurden Prokaryonten, wie das Cyanobakterium, und andere Prochlorophyten im Falle von Chloroplasten und alpha-Proteobakterium im Fall von Mitochondrien, von anderen Prokaryonten (dem Ur-Eukaryont als Vorgänger der tierischen bzw. pflanzlichen Zellen) phagozytiert. Die Prokaryonten in den Ur-Eukaryonten haben sich weiter im Zusammenspiel mit dem Ur-Eukaryonten vermehrt, sich aber im Laufe der Zeit zellfunktionell zurückgebildet und spezifische Funktionen in den sich entwickelten Eukaryonten übernommen.

---

82 http://de.m.wikipedia.org/wiki/Stromatolith
83 http://www.mnf.uni-greifswald.de/fileadmin/Mibi_Oekologie/Cyanobacteria__Brock_Mikrobiologie_.pdf

In Kürze

Plastom (Plastide) und **Chondrom (Mitochondrien)** sind Teil des extrachromosomalen Systems, was zusammengefasst als **Plasmon** bezeichnet wird. Beide Strukturen können als ein System mit vergleichbaren Eigenschaften aufgefasst werden:

Sie verfügen über DNA-Moleküle und sind zuständig für **Energielieferungen** zur Aufrechterhaltung der Lebensprozesse. Diese Energie wird vor allem deswegen benötigt, um fern des thermodynamischen Gleichgewichtes - als die eigentliche Lebens-Voraussetzung - existieren zu können.

Gemeinsam ist ihnen, dass sie eine endosymbiotische Verbindung eingegangen sind. Dennoch sind Plastom und Chondrom als zwei unterschiedliche Entitäten aufzufassen.

Die Mitochondrien werden gerne als das Kraftwerk einer Zelle bezeichnet. Wie jedes Kraftwerk benötigen sie Brennstoff, um daraus verwertbare Energie herzustellen. Die gleiche Funktion kann den Plastiden (Chloroplasten) zugeordnet werden. Anders als bei den Mitochondrien beziehen sie ihren "Brennstoff" aus Licht, um daraus Energie herzustellen.

Nun besitzen pflanzliche, wie auch tierische Eukaryonten jeweils Mitochondrien, Plastide (Chloroplasten) jedoch nur die pflanzlichen.

Beide Eukaryonten-Spezies sind in der Lage, die Lebensprozesse fern des thermodynamischen Gleichgewichtes durch ihre "Kraftwerkfunktion" aufrechtzuerhalten.

Ihre Vermehrung erfolgt ganz unterschiedlich: Mitochondrien vermehren sich durch **Wachstum** und **Sprossung**,

Plastide (Chloroplasten) durch **Teilung**.

Demgegenüber ist die allgemeine Reproduktion bzw. Vermehrung der Zelle durch Zellteilung abzugrenzen.

Das Plastiden-Kraftwerk des Cyanobakteriums muss wohl exklusiv Energie aus Licht zum Lebenserhalt liefern, das der pflanzlichen Eukaryonten hingegen nicht unbedingt, denn sie besitzen zusätzlich Mitochondrien. In letzter Konsequenz scheinen die Letztgenannten aber doch von Licht abhängig zu sein, denn in Meerestiefen **unterhalb von 200 m finden sich keine Pflanzen** mehr, weil es dort zu dunkel ist.

Wie lässt sich nun der Erfolg des evolutionären Prozesses von den Cyanobakterien über pflanzliche bis hin zu den tierischen Eukaryonten bemessen? Es ist wohl die Fähigkeit der **lichtunabhängigen Existenz** tierischer Eukaryonten, zu denen auch der Mensch zählt.

Das Vorhandensein einer ultraschwachen Strahlung ist von den einfachsten Pflanzen oder Tieren bis hin zum Menschen nachgewiesen worden (*Popp: Biophotonen*). Bei den Messungen stellte sich heraus, dass die Zahl der emittierten Photonen mit der Position des betreffenden Organismus auf der evolutionären Skala verknüpft ist. Je komplexer der Organismus, desto weniger Photonen werden emittiert.

Während bei einfachen Pflanzen oder Tieren eine Emissionsrate von 100 Photonen/cm^2/sec im Wellenlängenbereich von 200-800 nm gemessen werden konnte, liegt sie beim Menschen bei 10 Photonen/cm^2/sec (*Ruth, Popp: Experimentelle Untersuchungen zur ultraschwachen Photonenemission biologischer Systeme*). Als Emissionsquelle wird dabei die DNA der untersuchten Lebewesen angenommen.

An dieser Stelle stellt sich grundsätzlich die Frage nach der Funktion der ultraschwachen Strahlung und vor allem nach deren Ursprungsort.

Zunächst einmal wird die ultraschwache Strahlung, bei

höher entwickelten Pflanzen, nicht unbedingt benötigt, denn sie verfügen über Plastide und können mit den dort vorhandenen Chloroplasten Photosynthese betreiben. Möglicherweise wird die ultraschwache Strahlung bei Dunkelheit relevant, um dann den Prozess der Photosynthese auf niedrigem Niveau aufrechtzuerhalten. Das DNA-haltige Plastom der Pflanzen findet sich in den Plastiden mit den Photosynthesepigmenten Chlorophyll a und b.

Ganz ähnlich müsste es sich bei Cyanobakterien mit ihren Chlorophyllanaloga verhalten. Experimentell nachgewiesen ist eine besonders hohe Photonenemissionsrate bei einfacheren Pflanzen. Als Ursprungsort der Biophotonenstrahlung in Cynobakterien käme nur das im Protoplasma befindliche Plastom mit den Chlorophyllanaloga Phycocyanin und Phycocrythin infrage, weil es nur dort DNA-Moleküle gibt.

Sollte in den genannten Strukturen der Nachweis von emittierenden Biophotonen geführt werden, kann angenommen werden, eine weitere Emissionsquelle befinde sich in den Mitochondrien der pflanzlichen und tierischen Eukaryonten, weil nur in dem dortigen Chondrom weitere DNA zu finden ist.

Plastom (Plastide/Chloroplasten) und Chondrom (Mitochondrien) werden in einem Übergriff als Plasmon bezeichnet.

Der Biophotonen-Emission könnte in jedem Fall eine sinnvolle Funktion zugeordnet werden: Sie dient als „Brennstofflieferant" für die Kraftwerke Mitochondrium bzw. Plastid/Chloroplasten, um daraus verwertbare chemische Energie zur Aufrechterhaltung der Lebensprozesse fernab des thermodynamischen Gleichgewichtes zu liefern.

Zusammengefasst ergibt sich ein Bild, wonach **das Plasmon,** also der extrachromosomale Teil des Genoms, **als Quelle der Biophotonenstrahlung aufgefasst werden könnte.**

Und wie werden die Biophotonen erzeugt?

Für die höher entwickelten Eukaryonten mag es theoretisch denkbar sein, dass ein noch unbekannter Prozess dafür verantwortlich gemacht werden kann, nicht hingegen bei Cyanobakterien. Am Beispiel der **Stromatolithen**[84] lässt sich erahnen, unter welch widrigen Bedingungen sie es geschafft haben, nicht nur erfolgreich zu überleben, sondern zugleich - als eine ganz besondere Leistung - Sauerstoff und damit die Atmosphäre der Erde zu erzeugen.

Naheliegend drängt sich die Vorstellung auf, nur durch einen quantenphysikalischen Prozess konnte so eine Leistung vollbracht werden. Weiter kann angenommen werden, dass die informationsverarbeitenden Prozesse der Cyanobakterien wieder die Kriterien für Bewusstsein erfüllen (siehe auch *Haeckel: Kristallseelen: Studien über das anorganische Leben*). Ich möchte es mir aber ersparen, das Verhalten der Cyanobakterien in Detail zu analysieren, um es den jeweiligen Kriterien für Bewusstsein zuzuordnen, denn die prinzipielle Begründung wurde schon an einer anderen Stelle besprochen.

Sollte ein Nachweis einer Biophotonenstrahlung bei Cyanobakterien nicht gelingen, wäre die Hypothese, wonach bei den einfachsten Algen quantenphysikalische Prozesse zur Auslösung einer effektiven und effizienten Photosynthese zugrunde gelegt werden können, i.S. einer **Falsifizierung**[85] widerlegt.

Wie wir inzwischen wissen, laufen bei den Archaeen die Replikationsvorgänge anders als erwartet ab. Sie sind sehr erfolgreiche Lebewesen und haben sich in einer sonst

---

84 **Stromatolithen** sind biogene Sedimentgesteine, die infolge des Wachstums und Stoffwechsels von Mikroorganismen in Gewässern entstanden sind.

85 **Falsifizierung** ist der Nachweis der Ungültigkeit einer Aussage. Eine wissenschaftliche Theorie muss prinzipiell falsifizierbar sein. Sonst handelt es sich nicht um eine wissenschaftliche Theorie.

lebensfeindlichen Umgebung erfolgreich durchgesetzt und können lichtunabhängig existieren.

Archaeen weisen als einzellige Organismen meist ein in sich geschlossenen DNA-Molekül (zirkuläres Chromosom) auf und haben keine Zellorganellen. Sie haben demnach weder Plastom noch Chondrom. Ihr Kraftwerk könnte durch das Plasma selbst oder durch Plasmastrukturen repräsentiert werden. Auch die Energiegewinnung scheint in extrem nährstoffarmer Umgebung (vgl. Tiroler Höhlen, Mondmilch) anders zu verlaufen. In jedem Fall wären Bio-photonen-Untersuchungen bei ihnen für den Nachweis einer ultraschwachen Strahlung zur Erklärung ihrer Andersartigkeit überaus sinnvoll.

Weiterführende Fragen bzw. Kommentierungen:

1. Es müssten jetzt die quantenphysikalischen Vor-gänge identifiziert werden, nach welchem Prinzip Energie dem Plasmonen-System zugeführt wird. Es gibt Untersuchungen, bei denen durch "Protonen-Tunneling" Mutationen an der DNA nachgewiesen werden konnten. Ist es denkbar, dass solche Tunnel-Effekte auch extrachromosomal, also bei Plasmonen, angenommen werden können?

2. In der Nanowissenschaft werden u.a. an Kohlenstoff-Nano-Tubes Quanteneffekte mit sogenannten Plasmontechniken untersucht. Ein Vergleich zwischen den Plasmonen Biologie bzw. Physik drängt sich geradezu auf. Kann die Plasmontechnik als die anorganische Physik zum Nachweis von Quanten-effekte aufgefasst werden?

3. Den Chlorophyllanaloga der Cyanobakterien, Chlorophyll und Hämoglobin sind gemeinsam, dass sie zur O2-Bildung zweiwertiges Eisen zu dreiwert-igem oxidieren. Zweiwertige Eisen-Ionen können bei Belichtung mit Ultraviolettstrahlung und Blaulicht auch

ohne Disauerstoff zu dreiwertigem Eisen oxidiert werden

(2 Fe^{2+} + 2 H^+ → 2 Fe^{3+} + H_2). Bändereisenerze könnten also auch durch Belichtung von Fe^{2+}-Ionen ohne Disauerstoff entstanden sein, Disauerstoff muss zu der Zeit nicht vorhanden gewesen sein. Hinsichtlich der diesem Dialog zugrundeliegenden, ursprünglichen Fragestellung "Was ist Krankheit?" sind bei allen weiteren Überlegungen in jedem Fall evolutionär-physiologische Vorgänge mit einzubeziehen (vgl. *Wrobel/Sedlacek: Quantenstaub*, S. 33).

4. Die angenommenen informationsverarbeitenden Prozesse als Wechselwirkung zwischen Bewusstsein eines Quanten-Objektes und dem metrikfreien Vakuum, ähneln den Prinzipien der Cloud-Technologie. Beispiel: Spracherkennungssystem. In das Mikrofon eines Smartphones wird hineingesprochen, die Informationsverarbeitung findet durch ein Programm in der Cloud statt, und das Ergebnis - das geschriebene Wort- lässt sich im Display ablesen.

@@@

@ NW:

… **Protonen-Tunneln** ist genauso wie das Elektronen-Tunneln, das zu zahlreichen technischen Anwendungen geführt hat, ein **genereller quantenphysikalischer Effekt**, der sicher nicht nur bei jener speziellen DNA auftritt, bei welcher der Nachweis erfolgt ist, sondern überall in der Biologie, in der ähnliche Moleküle zu finden sind, insbesondere auch in den Plasmonen-Strukturen.

Die Quantenmechanik sagt uns zudem, dass Protonen-Tunneln sogar bei allen Atomen, also überall vorkommt, wenn auch bei den meisten Atomen in nur sehr geringer Häufigkeit.

Zu Ihren Kommentar 4):

Ich denke, Sie haben eine anschauliche Metapher für den Vorgang gefunden.

@@@

@ KDS:

… die bisherigen Erkenntnisse reichen meines Erachtens aus, eine Theorie des Quantenbewusstseins aufgrund evolutionärer Entwicklungsprozesse nach wissenschaftlichen Kriterien zu formulieren (vgl. *Wrobel/Sedlacek: Quantenstaub,* S. 158): Wenn in organischen und anorganischen Substanzen eine ultraschwache Strahlung nachgewiesen werden könnte, dann wäre die Theorie bestätigt. Auch die Möglichkeit einer Falsifizierung gibt es (siehe S. 112).

Als unverändert problematisch stellt sich mir in diesem Zusammenhang das Thema "anorganische Substanz" dar. Gibt es auch bei dieser ein evolutionär entwickeltes Quantenbewusstsein?

Ewald Hering hat 1870 *"das Gedächtnis als eine allgemeine Funktion der organisierten Materie"* bezeichnet und die hohe Bedeutung dieser Seelentätigkeit hervorgehoben, „der wir fast alles verdanken, was wir sind und haben".

Haeckel hat die Gedanken 1876 aufgenommen und weiterentwickelt: "Die Perigenisis der Plastidule (=Plasma-Moleküle) oder die Wellenzeugung der Lebenstheilchen; ein Versuch zur mechanischen Erklärung der elementaren Entwicklungsvorgänge". Er hat das "unbewusste Gedächtnis" als eine allgemeine, höchst wichtige Funktion aller Plastidule[86] nachzuweisen gesucht.

Nur die lebendigen Plastidule, als die individuellen Molekül-Gruppen des aktiven Plasmas, sind reproduktiv und besitzen

---

86 Hypothetische Moleküle oder Molekül-Gruppen, welche von Naegeli als Mizellen, von anderen als **Bioplasten** bezeichnet worden sind.

somit Gedächtnis; das ist der Hauptunterschied der organischen Natur von der anorganischen. Man kann sagen: "Die Erblichkeit ist das Gedächtnis der Plastidule."

Das elementare Gedächtnis der einzelligen Protisten setzt sich zusammen aus dem molekularen Gedächtnis der Plastidule, aus welchem ihr lebendiger Zellenleib sich aufbaut. Für die erstaunlichen Leistungen des unbewussten Gedächtnisses bei diesen einzelligen Protisten ist wohl keine Tatsache lehrreicher als die unendlich mannigfaltige und regelmäßige Bildung ihrer Schutzapparate, der Schalen und Skelette (Haeckel: *Weltwunder.* Skala des Gedächtnisses-Zellulargedächtnis).

Die Ausführungen Herings und Haeckels können als gedankliche Grundlagen einer von mir formulierten "Theorie des evolutiven Quantenbewusstseins" (siehe Kapitel 5) aufgefasst werden. Die Analogie der Ansätze beider Wissenschaftler ist verblüffend. Auch wenn Haeckel wahrscheinlich mehr der morphogenetische Gedanke wichtig war, kann beiden unterstellt werden, Bewusstsein als etwas Elementares erkannt zu haben und beide stellen damit, ohne es nur annähernd gewusst zu haben, einen Bezug zur Quantentheorie her.

Weiter führt Haeckel aus, Bewusstsein sei wie jede andere Seelentätigkeit eine Naturerscheinung und damit dem Substanz-Gesetz unterworfen. In der Gegenüberstellung verschiedener Theorien des Bewusstseins führt er die "atomistische Theorie des Bewusstseins" als eine Elementar-Eigenschaft aller Atome auf. Sie sei wohl hauptsächlich der Schwierigkeit entsprungen, welche manche Philosophen und Biologen bei der Frage nach der ersten Entstehung des Bewusstseins empfinden. Die Wissenschaftler seiner Zeit nahmen nämlich eine Elementareigenschaft aller Materie an, gleich der Massen-Anziehung oder der chemischen Wahlverwandtschaft. Demnach hätte jedes chemische Element ein individuelles Bewusstsein (Haeckel: *Weltwunder.* Bewusstsein der Seele, Atomistische Theorie des Bewusstseins).

Man möchte zunächst geneigt sein, die atomistische Theorie als mögliche Grundlage der Quantentheorie aufzufassen. Allerdings hat sich Heackel in seinem Disput mit E. Du Bois-Reymond etwas von ihr distanziert:

> *"Habe in meiner Perigenisis der Plastidule ganz ausdrücklich betont, dass ich mir die elementare psychischen Tätigkeit der Empfindung und des Willens, die man den Atomen zuschreiben kann, unbewusst vorstelle".*

An dieser Stelle möchte ich noch einmal wiederholen, was ich bereits diskutiert habe (vgl. Kapitel 3.5, *Studien und Gedanken über anorganisches Leben*):

Auf Quantenebene kann man davon ausgehen, dass überall dort, wo die Wechselwirkungen vom reinen, objektiven Quantenzufall abhängen, auch die Kriterien eines elementaren Bewusstseins erfüllt sind.

Das hat allerdings die Konsequenz, dass Nicht-Lebendiges, also auch etwas Totes ein Quantenbewusstsein haben muss. Und sofort beschleicht mich gedankliches Unbehagen bei der Vorstellung, auch ein Felsbrocken würde so etwas wie Bewusstsein haben, wenn auch auf allerunterster Stufe.

In dem gleichen Kapitel habe ich ausgeführt: *"… warum die materiehaltige Wirklichkeit auch dann Bestand haben müsste, wenn das Bewusstsein aller organischen Materie (= alles Lebendige) abgeschaltet wäre".*

Hatte also Einstein wirklich recht mit seiner Annahme, der Mond würde auch dann existieren, wenn er nicht hinschauen würde?

@@@

@ NW:

Zu Ihrer letzten Frage möchte ich wie folgt antworten:

Unter der Voraussetzung, dass die Dekohärenztheorie stimmt, existiert der Mond auch wenn Einstein nicht hinschaut. Die Dekohärenztheorie setzt nur voraus, dass der Mond irgendwelche Wechselwirkungen eingeht. Wechselwirkungen geschehen allein schon dadurch, dass die Sonne ihn mit Photonen beschießt.

4.5 Ultraschwache Photonenemission als universelles Phänomen

@ KDS:

Wechselwirkung zwischen Bakterienzellen durch schwache Lichtemission in Kulturmedien

(Originaltitel: Interaction of bacterial cells with weak light emission from culture media)

Chemiluminescence can be observed from almost all objects being subject to oxidation reactions. Liquid culture media as they are being used in microbiology may show an emission intensity of up to 105 photons / min cm³ under aerobic conditions, depending on preparation and composition. We report on a very efficient interaction between bacterial cells of a wide variety of strains and the mechanisms involved in the generation of this ultraweak photon emission, leading to an almost complete elimination of the light emission. This new phenomenon seems to be a common behavior, that can be observed with eukaryotic cells and strains of the Archaea, too, and may be correlated to the varying oxygen tolerance of the strains employed. It is shown that the cell membrane is probably involved in the elimination of the light emission, hinting to the existence of active centers in the membrane.

> *Mehr unter:*
> https://bioorganische-chemie.uni-hohenheim.de/publikation/interaction-of-bacterial-cells-with-weak-light-emission-from-culture-media

… ich habe eine Arbeit gefunden, die den Nachweis über das Vorhandensein einer ultraschwachen Photonenemission auch bei den Archaeen, Bakterien und Eukaryonten führt.

> ***Linolsäure -induzierte ultraschwache Photonenemission aus Chlamydomonas reinhardtii als Werkzeug zur Überwachung der Lipidperoxidation in den Zellmembranen.***
>
> *(Originaltitel: Linoleic Acid-Induced Ultra-Weak Photon Emission from Chlamydomonas reinhardtii as a Tool for Monitoring of Lipid Peroxidation in the Cell Membranes.)*
>
> *Reactive oxygen species formed as a response to various abiotic and biotic stresses cause an oxidative damage of cellular component such are lipids, proteins and nucleic acids. Lipid peroxidation is considered as one of the major processes responsible for the oxidative damage of the polyunsaturated fatty acid in the cell membranes. Various methods such as a loss of polyunsaturated fatty acids, amount of the primary and the secondary products are used to monitor the level of lipid peroxidation. To investigate the use of ultra-weak photon emission as a non-invasive tool for monitoring of lipid peroxidation, the involvement of lipid peroxidation in ultra-weak photon emission was studied in the unicellular green alga Chlamydomonas reinhardtii.*
>
> Mehr unter:
> http://www.plosone.org/article/info%3Adoi%2F10.1371%2Fjournal.pone.0022345

Für die Cyanobakterien gibt es den Nachweis auch …

> ***Messungen ultraschwacher Photonenflüsse biologischer und nichtbiologischer Materialien***
>
> *Sensoren zur Messung ultraschwacher Photonenstrahlung können zur Untersuchung von Oberflächenstrahlung biologischer und nichtbiologischer Materialien verwendet werden.*
>
> *Die von der Materie emittierte Strahlung und die Art und Weise, wie implizierte Strahlung absorbiert und reemittiert wird, erlaubt Aussagen über Stoffeigenschaften, Stoffzustände, Wechselwirkungsprozesse und darüber, wie Veränderungen erfolgen.*
>
> *Die zu erwartende Bestrahlungsstärke ist oftmals geringer als 100 Photonen/s*cm² und die Strahlungsleistung liegt im Bereich von 10^{-19} W. Die Nachweisgrenze üblicher Strahlungsempfänger liegt bei Bestrahlungsstärken zwischen 10^{-8} und 10^{-16} W/cm².*
>
> *Mehr dazu:*
> https://www.tu-ilmenau.de/fileadmin/public/lichttechnik/Publikationen/1999/Bieske99.PDF

… und ebenso für gewöhnliche Materie wie der letzte Artikel zeigt.

Damit finden sich wichtige Hinweise zur Evidenz meiner Theorie eines Quantenbewusstseins.

@@@

@ NW:

..außerordentlich interessante experimentale Arbeiten, insbesondere die aus Ilmenau.

Es heißt nichts anderes, dass **alles (!), gleichgültig ob biologisches oder nichtbiologisches Material, ultraschwache Photonenstrahlen aussendet, und zwar** mit Wellenlängen, die zum Bereich des sichtbaren Lichts gehören. Und je nach

Wellenlänge und Zählraten (cps) kann man Rückschlüsse auf das Material ziehen (-> Information):

"Es ist bekannt, dass diese Strahlung mit verschiedenen biologischen Vorgängen korreliert, so beispielsweise mit der DNS-Vervielfachung, der Zellteilung, der Photosynthese, Photorepair-Prozessen, Reaktion auf äußere Umwelteinflüsse, Erkrankungen und dem Sterben eines Organismus."

...und

"Auch im Bereich der nichtorganischen Werkstoffe ist es denkbar, dass [...] auf die Struktur und Stoffeigenschaften geschlossen werden kann. Auf diese Weise ist es möglich, Prozesse (z.B. die Materialalterung) zu beobachten.

Und noch ein Kommentar: Die Aussendung der ultraschwachen Photonenstrahlung ist ziemlich sicher eine **Folge des quantenmechanischen Tunneleffekts**, auch wenn davon nichts im Artikel steht.

@@@

@ KDS:

...ja, es handelt sich ganz offensichtlich um den Nachweis eines **universellen Prinzips** bei der ultraschwachen Strahlung. Ich denke wir können von folgenden Wechselwirkungen ausgehen.

- **Makroebene:** Mikrowellenstrahlung im Universum und Wechselwirkung mit dem kosmologischen Hintergrundfeld.

- **Mesoebene:** Wechselwirkungen durch Photonen verschiedener Wellenlängen zwischen pflanzlichen und tierische Eukaryonten (Tiere, Pflanzen).

- **Mikroebene:** Wechselwirkungen durch Photonen

verschiedener Wellenlängen bei Einzellern, Cyanobakterien, Archaeen, ...

... wobei Elementarteilchen als eine Kondensierung dieser Strahlung unterschiedlicher Wellenlänge aufgefasst werden kann.

Wahrscheinlich ist es auch so, dass es im Universum schwache Strahlung unterschiedlicher Wellenlängen (nicht nur Mikrowellenstrahlung) gibt, die entweder noch nicht gemessen worden ist, oder über die nicht allgemein berichtet wird.

Jetzt fehlt nur noch eine Zutat: Was gibt Form bzw. Gestalt eine Struktur?

Es kann eigentlich nur der Einfluss der Gravitationskraft sein. Ich habe die provokante Frage aufgrund mir erscheinender verblüffender Analogien zwischen Verschränkung und Schwerkraft in ähnlicher Form bereits gestellt (vgl. Wrobel/Sedlacek: *Quantenstaub*, S. 50): Wird Gravitation durch Verschränkung von Photonen vermittelt (siehe auch Kapitel 2.5 *Zusammenhang zwischen Gravitation, Verschränkung und Lebensprozessen)*?

4.6 Wie Bewusstsein bei Bakterien experimentell nachgewiesen werden kann

@NW:

... nachdem Verhaltenspsychologen bei Tieren wie Schimpansen, Elefanten oder Raben Bewusstsein feststellen konnten, müsste es aufgrund unserer Theorie nun auch gelingen, bei Prokaryonten (Bakterien und Archaeen) Bewusstseinsprozesse experimentell nachzuweisen.

Primäres Bewusstsein ist wie schon besprochen, eine einfache

Bewusstseinsform, die etwa mit den Funktionen eines Unterbewusstseins vergleichbar ist. Es beinhaltet nicht das Selbst- oder Ich-Bewusstsein, das wir von uns Menschen kennen. Bewusstsein ist ein informationsverarbeitender Prozess und dient einem Lebewesen dazu, sich auf neue Anforderungen oder geänderte äußere Umstände einzustellen. Wenn das Lebewesen zwischen möglichen Handlungsalternativen auf nicht determinierte Weise entscheidet und die Entscheidung zur Befriedigung seiner Bedürfnisse dient, dann kann man zumindest von primärem Bewusstsein ausgehen.[87] Andererseits kann man nicht von primärem Bewusstsein ausgehen, wenn Handlungen ausschließlich eine automatische oder zufällige Reaktion auf Umweltreize sind und keinerlei Entscheidungen zwischen Alternativen erkennen lassen.

Prokaryonten haben Geißeln, um sich schwimmend fortbewegen zu können. Die Beweglichkeit kann ihnen nur nützen, wenn sie erkennen, wohin sie schwimmen sollen. Aus ihrer Orientierungsreaktion (Taxis), das heißt, ihrer Ausrichtung nach einem Reiz oder einem Umweltfaktor lassen sich Rückschlüsse auf jenen informationsverarbeitenden Prozess ziehen, der eine Voraussetzung für Bewusstsein ist. Man unterscheidet zum Reiz gerichtete Reaktionen und vom Reiz weggerichtete Meide- oder Schreckreaktionen (negative Taxis).

Bei einer Chemotaxis erfolgt beispielsweise die Ausrichtung nach der Konzentration eines Stoffes. Aerotaxis ist die Orientierung zum Sauerstoff. Es handelt sich um eine besondere Form von Chemotaxis oder Energietaxis. Phototaxis ist die Orientierung an der Helligkeit und Farbe des Lichts und Galvanotaxis die Orientierung an elektrischen Feldern um nur ein paar Taxisarten zu nennen. Im Internet findet sich ein kleines Video über das Pantoffeltierchen (Paramecium), wie es sich an

---

87 Zur Definition von Bewusstsein siehe Kasten auf S. 66

einem elektrischen Feld ausrichtet.[88]

Viele Bakterien, die zu den Prokaryonten zählen, können gleichzeitig die Konzentration von Futtersubstanzen, Sauerstoff oder Licht erkennen und sich danach ausrichten. Solange sie z.B. keine Futtersubstanz erkennen, schwimmen sie eine Zeit lang in eine zufällige Richtung und wechseln anschließend die Richtung, um wieder eine Zeit lang in eine andere Richtung weiterzuschwimmen. Bei geringer werdender Konzentration wechseln sie häufig die Richtung. Bei zunehmender Konzentration schwimmen sie dagegen zielgerichteter zum Ort der höheren Konzentration. Sie zeigen ein gleiches Verhalten in Bezug auf die Sauerstoffkonzentration und auf Licht.[89]

Aus dem Verhalten kann man ableiten, dass die Bakterien zeitlich auflösen können, ob die Konzentration geringer oder stärker wird. Sie können also **Änderungen in den Umweltbedingungen** feststellen, indem sie einen vorherigen Zustand auf irgendeine Weise speichern. Schon allein dadurch erkennt man das Vorhandensein eines informationsverarbeitenden Prozesses. Die Mikroben zeigen zudem ein Bedürfnis (= Neigung ein Ziel zu verfolgen), zum Ort der höheren Futter- oder Sauerstoffkonzentration zu schwimmen.

Es kann aber auch vorkommen, dass zwei unterschiedliche Bedürfnisse nicht miteinander vereinbar sind. Beispielsweise kann die höhere Sauerstoffkonzentration entgegengesetzt vom Ort der höheren Futterkonzentration liegen. Aus dieser Tatsache lässt sich ein Experiment konstruieren, das Schlussfolgerungen zulässt, ob die Bakterien primäres Bewusstsein zeigen oder nicht.

Wenn es zwischen den beiden Orten, an denen je ein anderes Bedürfnis befriedigt wird, einen Bereich gibt, an dem die Bewertung, welcher Reiz stärker ist, gleich ausfällt, dann wird eine

---

88 http://youtu.be/-U9G0Xhp3Iw
89 vgl. Cypionka (2006), S. 33f.

sich dort befindende Mikrobe entscheiden müssen, welchem Reiz sie nachgeht, d.h. zu welchem Ort sie schwimmen soll. Die Alternative wäre: Sie bleibt unverhältnismäßig lange in dem Bereich gleich starker Reizbewertung, weil sie sich nicht entscheiden kann.

Über Vortests kann ermittelt werden, wie groß der Bereich gleicher Reizstärke und wie der Zeitrahmen zur Annäherung an einen Ort der Bedürfnisbefriedigung ist. Überschreiten die Mikroben beim Haupttest mehrheitlich und deutlich diesen Zeitrahmen, dann weiß man, dass die Mikroben sich nicht entscheiden können. Andernfalls handelt es sich um bewusste Entscheidungen, wenn gleichzeitig die übrigen Kriterien für Bewusstsein erfüllt sind.

Wenn die Entscheidung mehrheitlich innerhalb des im Vortest ermittelten Zeitrahmens ausfällt, kann sie nicht determiniert sein, weil der Versuch so ausgelegt wurde, dass die Stärke der Reize von der Mikrobe gleich bewertet wird. Wir haben es dann mit einer nicht determinierten Entscheidung zwischen Handlungsalternativen zu tun. Es ist die Entscheidung in die eine oder in die andere Richtung zur Befriedigung eines Bedürfnisses zu schwimmen.

Zusammenfassend gilt: Im Verhalten der Mikroben kann man einen informationsverarbeitenden Prozess erkennen, der bei Änderungen der Konzentration verschiedener Stoffe, also der Umweltbedingungen, entweder eine nicht determinierte Entscheidung zwischen Handlungsalternativen trifft, die zum zielgerichteten Verhalten zur Befriedigung von Bedürfnissen führt oder es liegt bei deutlichem Überschreiten des im Vortest ermittelten Zeitrahmen ein mehr im klassischen Sinn zufälliges Annähern an einen der möglichen Orte vor. Aus dem Versuchsergebnis kann dann geschlossen werden, ob die Mikroben die Kriterien für Bewusstsein erfüllt haben und somit primäres Bewusstsein zeigen.

5. Die Theorie des evolutiven Quantenbewusstsein

5.1 Selbstbewusstsein, Primärbewusstsein, Elementarbewusstsein

@ KDS:

… ich will das Thema nun weiter vertiefen und abschließen.

Karl Popper führt in seinem Buch *"Alles Leben ist Problemlösen"* in dem Kapitel "Wissenschaftslehre in entwicklungstheoretischer und in logischer Sicht", (1972), aus, dass …

> *"die realistische Weltansicht zusammen mit der Idee der Annäherung an die Wahrheit unentbehrlich für ein Verständnis der immer idealisierenden Wissenschaft zu sein scheint",*

… und stellt sich die Frage "worin der entscheidende Unterschied zwischen der Amöbe und Einstein liege" und beantwortet diese so: Die Amöbe flieht vor der Falsifikation. Ihre Erwartung ist ein Teil von ihr, und vorwissenschaftliche Träger von Erwartungen oder Hypothesen werden oft durch die Widerlegung der Hypothese vernichtet. Einstein dagegen hat seine Hypothese objektiviert, die allerdings außerhalb von ihm liegt. Der Wissenschaftler kann seine Hypothese durch seine Kritik vernichten, ohne selbst mit ihr zugrunde zu gehen (*Popper: Alles Leben ist Problemlösen*).

Wenn also die Amöbe beispielsweise versuchen will, zu Nahrung zu gelangen, die hinter einem Hindernis liegt, muss sie eine Entscheidung treffen i. S. einer "Neigung, ein bestimmtes Ziel zu verfolgen". Sie entscheidet sich für eine Probierbewegung i.S. einer Hypothese, um das Hindernis zu umgehen und um dadurch an die Nahrung zu gelangen. Ist die Hypothese falsch, kann die Amöbe ein fatales Ende nehmen, wenn sie verhungern würde. Die Amöbe flieht in der realen Welt deswegen vor der Falsifizierung, um zu überleben. Einstein hingegen überlebt jede Falsifizierung in einer abstrakten Welt und kann im Gegenteil seinen wissenschaftlichen Ruhm mehren.

Ganz offensichtlich **verfügen Amöben über ein Bewusstsein, dass es Ihnen erlaubt, nicht nur Probleme zu lösen**, sondern auch in der realen Welt zu überleben.

Ist dieses Bewusstsein ein Ich- bzw. Selbst-Bewusstsein, oder handelt es sich um "primäres" Bewusstsein, das einem lebendigen makroskopischen Quanten-Objekt das Existieren in einer Quantenwelt als ein sich selbst organisierendes, dissipatives Nichtgleichgewichtsystem, fern des thermodynamischen Gleichgewichtes ermöglichen würde? Und kann einem Felsbrocken, der das thermodynamische Gleichgewicht erreicht hat, auf gleiche Weise ein primäres Bewusstsein unterstellt werden?

Haeckel hat in seinem Disput mit E. Du Bois-Reymond die Hypothese des "Atombewusstseins" nicht offensiv vertreten: *"Habe in meiner Perigenisis der Plastidule ganz ausdrücklich betont, dass ich mir die elementaren psychischen Tätigkeit der Empfindung und des Willens, die man den Atomen zuschreiben kann, unbewusst vorstelle"* (Haeckel: Welträtsel).

Was könnte ein primär-ähnliches Bewusstsein alles Anorganischen sein, welche das thermodynamische Gleichgewicht erreicht hat, und damit tot ist?

Photonen, Elektronen und auch größere (Kohlenstoff-)Moleküle (Fullerene) treffen beim Passieren der Spalten im Doppelspaltversuch eine Entscheidung, die nicht determiniert ist, ...

... was bedeutet, sie entscheiden ganz individuell, was sie tun - als Neigung, ein bestimmtes Ziel zu verfolgen -, nämlich einen oder beide Spalte irgendwie zu passieren und

> *einen nicht vorherbestimmbaren Ort auf dem Be-obachtungsschirm aufzusuchen, um am Ort des Auftreffens faktisch real zu werden.*
>
> *Je mehr Quantenobjekte auftreffen, desto mehr ähnelt das Gesamtbild auf dem Beobachtungsschirm einem Wellen-muster (Interferenzmuster). Ist abwechselnd einer der Spalte geschlossen, erkennen die Quantenobjekte das rechtzeitig und entscheiden sich für andere Orte auf dem Be-obachtungsschirm, die in der Gesamtschau kein Wellen-muster mehr ergeben.*
>
> *Die Entscheidung, welchen Ort sie aufzusuchen ge-denken, passiert offensichtlich sofort – instantan – im Augenblick der Passage infolge informationsverarbeitender Prozesse.*
>
> *Aufgrund des Verhaltens der Photonen, Elementarteilchen und molekularen Strukturen kann ihnen eine Art "Basis- oder Elementarbewusstsein" unterstellt werden (vgl. Sedlacek: Widerhall, S. 64, 73, 95ff und S. 168 ff).*

In letzter Konsequenz bedeutet das Verhalten von Quantenobjekten beim Doppelspaltversuch: Sowohl organische, wie auch anorganische Substanzen verfügen über **elementares** Bewusstsein. Dieses muss unterschieden werden vom „Ich- bzw. Selbst-Bewusstsein" als eine hoch entwickelte Bewusstseinsform, wie sie etwa beim Menschen und Primaten vorkommt, und vom "Primärbewusstsein" das wohl bei allem Lebendigen nachgewiesen werden kann. Die Bewusstseinsprozesse des Unterbewusstsein gehören dabei zum Primärbewusstsein.

Die primäre Bewusstseinsform kann nur makroskopischen Quanten-Objekten zugeordnet werden, die noch nicht das thermodynamische Gleichgewicht erreicht haben, die unserer Sprach- und Denkweise nach "lebendig" sind. Lebendigkeit bedeutet in diesem Kontext der Versuch einer Existenz zwischen dem Wärme- und Kältetod (vgl. *Wrobel/Sedlacek: Quantenstaub, S. 20*).

Damit lässt sich das Unwohlsein Haeckels hinreichend gut erklären: Seine eher zurückhaltende Bewertung hinsichtlich der "Atomistischen Bewusstseinstheorie" ist wohl hauptsächlich der Schwierigkeit entsprungen, welches manche Philosophen und Biologen seiner Zeit bei der Frage nach der ersten Entstehung des Bewusstseins empfunden haben.

Elementareigenschaft aller Materie

Die Wissenschaftler aus Haeckels Zeit nahmen eine Elementar-Eigenschaft aller Materie an, gleich der Massen-Anziehung oder der chemischen Wahlverwandtschaft. Demnach hätte jedes chemische Element ein individuelles Bewusstsein.

*Die Annahme der Wissenschaftler der damaligen Zeit kann in Einklang mit dem gebracht werden, was in dieser Schrift als **Elementarbewusstsein** entwickelt worden ist.*

Demgegenüber ist Haeckels Bewusstseinsvorstellung *"die elementare psychischen Tätigkeit der Empfindung und des Willens"*, die vorzugsweise den Protisten unterstellt worden ist, eher dem zuzuordnen, was wir als **Primärbewusstsein** bezeichnet haben.

Zusammenfassung:
Theorie des Quantenbewusstseins

- Evolutives Quantenbewusstsein schließt sowohl organische, wie auch anorganische Substanzen ein. Es wechselwirkt mit dem metrikfreiem Vakuum (=Nichts) über informationsverarbeitende Prozesse und erzeugt so materiehaltige Wirklichkeit.

- Hierin eingeschlossen ist die These, wonach die kosmologische Evolution eine Evolution des Elementarbewusstseins ist, während Primär- und Ich- bzw. Selbst-Bewusstsein möglicherweise eine biologische Evolution repräsentiert. Inwieweit dieses mit dem metrikfreiem Vakuum wechselwirken kann, ist Gegenstand weiterer Untersuchungen.

- Selektion im Rahmen der Evolution folgt einem, durch elementares Bewusstsein ausgelösten informationsverarbeitenden Prozess.

- "Lebendige" makroskopische Quanten-Objekte verfügen in differenzierter Form über Ich- bzw. Selbstbewusstsein, primäres Bewusstsein oder elementares Bewusstsein.

- „Tote" Quanten-Objekte verfügen hingegen nur über elementares Bewusstsein.

- "Lebendigkeit" entsteht durch Autokatalyse bzw. Selbstorganisation und folgt informationsverarbeitenden Prozessen, die durch elementares Bewusstsein ausgelöst wurden.

> • Eine prinzipielle Falsifizierung könnte dadurch erreicht werden, indem evolutives Quantenbewusstsein durch ein System mathematischer Regeln modelliert wird. Die Regeln würden allgemein überprüfbare vorhersagen erlauben.

5.2 Das neue Weltbild

Die kosmologische Evolution verfolgt ganz offensichtlich das Ziel, etwas Abstraktes mit der faktischen 4-dim-Welt zu verknüpfen. Wie geschieht das im Detail?

Das in der Physik gängige "Präparieren" will etwas aus der klassisch-physikalischen Welt loslösen, um dieses dann quantenphysikalisch behandeln zu können. Wie könnte das Wechselspiel zwischen dem metrikfreiem Vakuum (= Nichts) und der faktischen physikalischen Natur begreifbar gemacht werden?

Am Anfang steht der reine, objektive und durch nichts beeinflussbare Zufall. Durch Fluktuation gelangt aus dem metrikfreien Vakuum kondensierte elektromagnetische Strahlung in unsere Welt und wird durch Wechselwirkungen und Dekohärenz faktisch. Dieser Prozess ist nicht reversibel, d.h. er kann in der 4-dim-Welt nicht rückgängig gemacht werden. Was das Leben bisher daraus gemacht hat, ist genial: So hat die Evolution beispielsweise Antennen in pflanzlichen Eukaryonten hervorgebracht, die elektromagnetische Strahlung (= Photonen) mit Hilfe quantenmechanischer Verschränkung so lange einsammeln, bis die dadurch gewonnene und faktisch gewordene Energie für die Ausführung essenzieller Lebensprozesse, fern des thermodynamischen Gleichgewichts, ausreicht.

Man könnte nun annehmen, das, was faktisch geworden ist, unterliege anschließend dem prinzipiell vorherbestimmbaren Zufall der klassischen Physik: Durch Selbstorganisation (deterministisches Chaos) sollte es deshalb gelingen, inmitten dieses Chaos Ordnung und stabile Verhältnisse zu schaffen. Tatsächlich scheint die Natur aber etwas Besseres gefunden zu haben: Sie entscheidet selbst durch Prozesse, die als willentlich bezeichnet werden können, wie sie sich entwickelt. Evolution kann daher als bewusster Selbstorganisationsprozess aufgefasst werden. Beides, objektiver Zufall und bewusste Selbstorganisation bilden dabei eine Art symbiotischer Beziehung.

Die **Theorie des evolutiven Quantenbewusstsein** zielt auf das Verbindende einer gegenseitigen Abhängigkeit: Das Quantenbewusstsein ist der **Mechanismus, der Abstraktes mit faktisch Realem unserer 4-dim-Welt immanent und instantan wechselwirken lässt.**

Jedenfalls scheint es so zu sein, dass alles "Seiende", organisch wie anorganisch, Lebendiges wie Totes, in der Lage ist, eine Verbindung mit dem Abstraktem außerhalb der 4-dim-Welt aufnehmen zu können. Diese Vorstellung mag im ersten Moment extremes Unbehagen hervorrufen: Es bedeutet nämlich nichts anderes, als dass ein informationsverarbeitenden Prozess, den wir als **elementares Bewusstsein** bezeichnen, weil er Merkmale von Bewusstsein aufweist, im Moment einer Wechselwirkung die uns bekannte materiehaltige Wirklichkeit erzeugt.

Tatsächlich scheint eine immanente Zwitterfunktion Kennzeichen unserer makroskopischen Quantenwelt zu sein: Um materiehaltige Wirklichkeit - das, was in unserer 4-dim-Welt ist - zu erzeugen, wird Energie benötigt, die dem metrikfreiem Vakuum **entliehen** ist. Dieses Ausleihen wird ebendort als eine Art Schuldschein, d.h. als abstrakte Information in einer „Datenbank" verzeichnet und „abgespeichert".

Durch das Gedankenexperiment „Maxwells Dämon" (vgl. *Sedlacek: Widerhall,* S. 89ff) ist bekannt, dass dieser Schuldschein in unserer Raumzeit-Welt so lange wie ein Perpetuum mobile ist, solange er nicht fällig wird. Fällig würde er dann werden, wenn die Information im metrikfreien Vakuum gelöscht würde.

Durch die Arbeiten von Benett und Szilard wissen wir, das Löschen von Information würde Energie verbrauchen, nicht aber das ursprüngliche Speichern (vgl. *Sedlacek: Widerhall,* S. 101). Das genau ist aber unser Glück: Weil das metrikfreie Vakuum eine Entität ohne Zeit und ohne Raum ist, wird die Information aus Sicht unserer Raumzeit niemals gelöscht werden, wir verdanken ihr also - bis auf weiteres - unsere Existenz.

Allerdings ist es die zeitabhängigen Last, die wir als körperliche Raumzeit-Konstruktion zu tragen haben: Irgendwann erreichen wir einmal das thermodynamische Gleichgewicht und sind dann „tot". Tot heißt allerdings nicht das „Abschalten" von informationsverarbeitenden Prozessen, sondern nur das zeitliche Ende innerhalb unserer 4-dimensionalen Welt. Das bedeutet aber zugleich, dass eine Wechselwirkung, welcher Art auch immer, mit oder in dem metrikfreien Vakuum bestehen bleibt (vgl. *Wrobel/Sedlacek: Quantenstaub,* S. 111).

Und so sieht unser neues Weltbild zusammenfassend aus:

Es sind seltsame Gesetze, die unsere Welt wirklich beherrschen. Es sind die Gesetze einer abstrakten Quantenwelt, in der alles Seiende dazu beiträgt, unsere bekannte materiehaltige Wirklichkeit zu erzeugen.

Die Verbindung des jenseitig Abstrakten mit der diesseitigen faktischen Realität unserer 4-dimensionalen Welt erfordert einen grundlegenden physikalischen Prozess.

Es ist ein Prozess, der bereits auf elementarer Ebene ein sich evolutionär weiterentwickelndes Bewusstsein voraussetzt.

6. Literatur

Cypionka H.: *Grundlagen der Mikrobiologie*, 3. Aufl., Springer (2006)

Darwin C: The *Descent of man* (1879), Penguin Books (2004), ISBN-13 978-0-140-43631-0

Dawkins, Marian Stamp: *Die Entdeckung des tierischen Bewusstseins*; Spektrum, Heidelberg (1994)

Dessauer F: *Quantenbiologie*, Springerverlag Berlin Göttingen Heidelberg (1954)

Duve CR de: *Ursprung des Lebens. Präbiotische Evolution und die Entstehung der Zelle.* Spektrum Akademischer Verlag, Heidelberg Berlin Oxford (1994), ISBN 3-86025-187-2

Eigen M, Schuster P: *The Hypercycle - A Principle of Natural Self-Organization*, Springer Verlag, Berlin, (1979), ISBN 0-387-09293-5

Eigen M: *Molekulare Selbstorganisation und Evolution (Self organization of matter and the evolution of biological macro molecules.)*, Naturwissenschaften Bd. 58(10), S. 465 - 523, (1971)

Gödel K: *Über formal unentscheidbare Sätze der Prinicipia mathematica und verwandter Systeme. Teil I.* In: Monatshefte für Mathematk und Physik 38, S.173-198, (1931)

Görnitz T, Görnitz B: *Die Evolution des Geistigen*, Vandenhoeck & Ruprecht Göttingen (2009), ISBN 789-3-525-56717-3

Görnitz T, Görnitz B: *Der kreative Kosmos; Geist und Materie aus Quanteninformation*, Spektrum Akademischer Verlag Heidelberg (2002), ISBN 978-3-827-41368-0

Görnitz T: *Carl Friedrich v. Weizsäcker – ein Denker an der Schwelle zum neuen Jahrtausend.* Herder, Freiburg (1992), ISBN 3-451-04125-1

Gurwitsch AG, Gurwitsch LD: *Die mitogenetische Strahlung*, VEB Gustav Fischer Verlag, Jena (1959), Lizenznr. 261

Haken H: *Synergetik, eine Einführung: Nicht-Gleichgewichts-Phasenübergänge und Selbstorganisation in Physik, Chemie und Biologie*, Springer Berlin (1977), 3. Aufl. ISBN 978-3540516927

Haeckel E: *Kristallseelen. Studien über das anorganische Leben*, Alfred Kröner Verlag, Leipzig (1917)

Haeckel E: *Die Welträtsel*, Alfred Kröner Verlag, Leipzig (1899)

Haeckel E: *Die Perigenisis der Plastidule. In: Gesammelte Populäre Vorträge aus dem Gebiet der Entwicklungslehre, zweites Heft*, Verlag Emil Strauss, Bonn (1879)

Haeckel E: *Natürliche Schöpfungsgeschichte*, Verlag von Georg Reimer, Berlin (1870)

Haeckel E: *Generelle Morphologie der Organismen. Allgemeine Grundzüge der organischen Formen-Wissenschaft, mechanisch begründet durch die von Charles Darwin reformierte Descendenz-Theorie.* Georg Reimer, Berlin (1866)

Hagemann, R: *Plasmatische Vererbung*, VEB Gustav Fischer Verlag Jena, Lizenznr 261 215/48/64

Kauffmann, S: *Der Öltropfen im Wasser*, Piper Verlag München (1996), ISBN 3492035493

Neumann, J. v., *Mathematische Grundlagen der Quantenmechanik*, Springer (1932, 1968, 1996).

Oehlkers F: *Das Leben der Gewächse*, Springer Verlag, Berlin Göttingen Heidelberg (1956)

Planck, M: *Religion und Naturwissenschaft. In: Physik und Transzendenz*, Hans-Peter Dürr (Hrsg.), Fischer Scherz Verlag (1989), ISBN- 13: 978-3502191704

Popp FA: *Biophotonen* (1983), Karl F. Haug Verlag, Stuttgart (2006), ISBN 987-3-8304-7267-4

Popper K: *Alles Leben ist Problemlösen,* Piper Verlag, München (1996), ISBN 3-492-22300-1, S. 25 ff

Ruth B, Popp FA: *Experimentelle Untersuchungen zur ultraschwachen Photonenemission biologischer Systeme,* Zeitschrift für Naturforschung, 31c, S. 741-745, (1976)

Schimper AFW: *Über die Entwicklung der Chlorophyllkörner und Farbkörper,* Bot. Z. Bd. 41,S. 102-113 (1883)

Sedlacek KD: *Der Widerhall des Urknalls,* Norderstedt (2012), ISBN 978-3-8482-1225-5

Sedlacek KD: *Supervereinigung: Wie aus nichts alles entsteht. Ansatz einer großen einheitlichen Feldtheorie,* Norderstedt (2010)

Wächtershäuser G: *Before enzymes and templates: Theorie of surface metabolism,* Microbiol. Mol. Biol. Rev. 52 (4), S. 452–84, (1988)

Weizsäcker CF von: Der Mensch in seiner Geschichte. Hanser, München (1991), ISBN 3-446-16361-1

Wrobel N, Sedlacek KD: *Leben aus Quantenstaub,* Norderstedt (2014), ISBN 987-3-7357-2412-0

7. Index

FSC
www.fsc.org
MIX
Papier aus ver-
antwortungsvollen
Quellen
Paper from
responsible sources
FSC® C105338